Dieter Mende

EEZ Energie Energiewirtschaft Zukunftsenergien

Die Energiewende:

die zahlreichen technischen Potenziale an den Tangenten des Wasserstoffs im globalen Potenzialraster.

Wenn Ihnen jemand sagt, Sie/Er könne Ihnen innerhalb von wenigen Minuten die Energiewende erklären, dann sollten Sie äußerst skeptisch sein.

EU-/Bundes-/Landesweit denken und vor Ort handeln ist kein Widerspruch, sondern vielmehr dynamische Energiepolitik.

Dieter Mende

Dieter Mende
EEZ Energie Energiewirtschaft Zukunftsenergien

Die Energiewende:

die zahlreichen technischen Potenziale an den Tangenten des Wasserstoffs im globalen Potenzialraster.

Impressum

EEZ Energie Energiewirtschaft Zukunftsenergien
www.eez-mende.de

weitere Mitwirkende:

Antje Mende, LIKES Layout – Impuls – Konzept – Entwurf – Style; Moderne Medien-, Text- und Bildberatung

Herstellung und Verlag: BoD – Books on Demand, Norderstedt

ISBN: 978-3-7583-6490-7

Inhaltsverzeichnis

Prolog

Mein Antrieb zur Erstellung der Bücher ist zum einen die Leidenschaft für die Herausstellung der Chancen und der Möglichkeiten im Potenzialraster der Energiewende mit dem Energieträger Wasserstoff, zum anderen der Ehrgeiz zum Auf- und Ausbau einer Wasserstoffinfrastruktur mit der Werbung branchenübergreifender Leistungsträger, mit der Identifizierung von zukunftsfähigen Beiträgen und mit den daraus entstehenden und einander ergänzenden Kompetenzen.

Die Zielgruppe dieses Buchs ist weit gefächert; das Buch richtet sich zum einen an die weniger Technik affinen Leser*innen, zudem auch an Schüler*innen und Lehrer*innen, sowie an Politiker*innen bis hin zu Unternehmer*innen und Techniker*innen.
Damit das gelingen kann, wird mit dem Buchverlauf die Grundlage geschaffen, dass jede*r die Ausgangslage der Energiewende erkennen kann.
Daher ist der Buchverlauf derart gestaltet, dass den weniger Technik affinen Leser*innen nicht zu viel abverlangt wird an technischem Grundverständnis, dass der Buchverlauf für die Unternehmer*innen und Techniker*innen nicht langweilig erscheint.

Lassen sie sich davon begeistern, dass Veränderungen sehr viele Chancen ermöglichen, dass Veränderungen ohne Übertreibung sehr spannend sind und dass Veränderungen viel Begeisterung für die Zukunft auslösen können.

Lassen Sie sich bitte nicht verunsichern durch die bewusst erzeugten Irritationen seitens der Lobby gegen eine Energiewende, da die Lobby gegen eine Energiewende bewusst unvollständig argumentiert.

Die Energiewende muss ganzheitlich betrachtet sein, bei der erneuerbaren Energieerzeugung beginnend, bis hin zu den Anwendungen (mobil, portabel, stationär), damit tatsächlich die Zusammenhänge erkennbar werden können, welche den wesentlichen Einfluss haben auch auf die zunehmenden Auswirkungen durch den Klimawandel und auch auf die Umwelteinflüsse.
Die Energiewende muss ganzheitlich betrachtet sein, damit das fundierte Technologie-Know-how und das Infrastruktur-Know-how optimal in die bestehenden Energiemärkte integriert werden kann und auch die bestehenden Energiemärkte erweitern kann.

Sie erfahren mit dem Buchverlauf zugleich die sicherlich spannendsten Entwicklungen der modernen Welt mit den Herausforderungen von Heute; dies zum einen mit Blick auf den Erhalt der Energieversorgungssicherheit für die Menschen, dies zudem mit Blick auf die vielen Chancen für die kommenden Generationen. Die Energiewende ist sehr viel mehr, als nur die zunehmende Nutzung der Erneuerbaren Energien!
Die Energiewende ist ein Jobmotor.

Soll die Energiewende gelingen und sollen die vereinbarten Klimaziele gelingen, ist der unmittelbar startende Ausbau der regenerativ erzeugten Energien alternativlos.

Energiewende: Die aktuelle Position

Dass die Energiewende wichtig ist, darin besteht spätestens seit der Veröffentlichung der EU-Klimaberichte die internationale Einigkeit.
Jedoch sind die Pfade der Energiewende auch heute noch ein Auslöser für zum Teil hitzige Diskussionen.

Selbst mit dem Ausbau der Netze für den elektrischen Strom in Richtung “Kupferplatte BRD“ hat die Vollelektrifizierung ein Umsetzungsproblem: es fehlen die wichtigen Energiespeicher.
Die Stabilität der Netze für den elektrischen Strom ist abhängig von dem Gleichgewicht der Einspeisung von der elektrischen Energie und der Abnahme der elektrischen Energie.

Die Energiewende ist neben einem zunehmenden Energiemix auch der Übergang von der gebundenen Energie, gebunden in der Kohle, in dem Erdöl und Erdgas, hin zu einer zunehmend regenerativ erzeugten elektrischen Energie.
Allein mit den avisierten Windenergieanlagen sind wir bereits in dem Gigawatt-Bereich elektrischer Energie.
Batterien allein sind als Speicher in dieser Größenordnung keine Option mehr.

Die Befürworter der Vollelektrifizierung sind nicht nur mit dem Blick auf die sehr hohen Kosten für den Netzausbau aus der Igelhaltung gerückt und gesprächsbereiter, weil vielerorts ein ganzheitliches Betrachten eingesetzt hat auf die Energiewende im Zusammenhang mit dem Klimawandel und mit dem Umweltschutz.

Mit dem Wasserstoff koppelt die Energiewende die bisher getrennt voneinander betrachteten Pfade des elektrischen Stroms mit den Pfaden der Gase, sowie mit den Pfaden der Wärmeerzeugung und mit den Pfaden der Treibstoff-erzeugung: Power-to-X.

Die Energiewende bringt mit der Digitalisierung aber auch zahlreiche intelligente Lösungen hervor.
Nicht nur die intelligenten Netze unterstützen die Chancen der Sektoren-Kopplung mit dem Wasserstoff, auch können intelligente Anwendungen zu einem Paradigmenwechsel mit dem Blick auf die Anwendungen führen.

Aktuell folgen in der Netzzentralität die Kraftwerke mit der Energieerzeugung dem Energiebedarf in den elektrischen Netzen. Mit der Digitalisierung können jedoch umgekehrt auch Anwendungen einem spontanen, höheren Angebot von regenerativ erzeugter elektrischer Energie in den Netzen folgen, indem die Programmierung jene Anlagen startet, welche nicht kontinuierlich laufen müssen.

Zwei klassische Beispiele in dem Privatbereich können sein:

\+ z.B. die Waschmaschine, die vor dem Verlassen des Hauses programmiert wird und vorrangig dann mit einem Funk-Impuls von dem Netz-Betreiber startet, wenn besonders viel Wind- und Solarstrom in die Strom-Netze kommt, die nachrangig dann startet, wenn eine programmierte Sollzeit eingehalten sein soll.

+ z.B. die Nachspeicherheizung, die vorrangig dann mit dem elektrischen Strom lädt, wenn besonders viel "grüner Strom" eingespeist wird durch den Wind und/oder durch die Sonne, die nachrangig mit dem elektrischen Strom lädt zu den sonst üblichen Zeiten.

Eine sehr lange Zeit hat die Netzzentralität mit dem Blick auf die Energieerzeugung des elektrischen Stroms in den Kraftwerken die Energieinfrastruktur in der BRD geprägt. Die mit der Energiewende zunehmende, dezentrale und regenerative Energieerzeugung muss zu dieser bestehenden Energieinfrastruktur gar nicht im Widerspruch stehen; vielmehr zeigt das Wasserstoff-Anwenderzentrum h2herten, dass die Energiewende eine Ergänzung ist zu der aktuellen Energieinfrastruktur.

Mit der Energiewende entstehen mit der Kopplung der regenerativen Energieerzeugung durch die Digitalisierung virtuelle Kraftwerke.
Das Wasserstoff-Anwenderzentrum h2herten kann sowohl autark, als Insellösung gefahren werden, das Zentrum kann aber auch parallel am Netz gefahren werden und somit aktiv teilnehmen an dem Netzbetrieb.

Mit der Energiewende entsteht das Potenzial, dass viele autark arbeitende Anlagen in dem Netz der elektrischen Energie zusammengefasst werden zu einer Masche, ähnlich wie ein Fischernetz, wobei wiederum diese Maschen in dem Netz der elektrischen Energie einander ergänzen. Mit einem Netz-Management können somit intelligente, virtuelle Kraftwerke entstehen, welche zum einen die Stabilisierung der Netze managen, welche zudem die Versorgungssicherheit mit Energie sichern.

Der Buchverlauf zeigt zahlreich die entstehenden Chancen mit der Energiewende, der Buchverlauf bestätigt zudem die Energiewende als international boomenden Job-Motor.

Oft gehört waren die Aussagen, dass erst einmal herausgefunden werden müsse, ob sich die Elektromobilität mit der Batterie oder die Elektromobilität mit Wasserstoff/der Brennstoffzelle durchsetzen wird. Richtig ist, dass die Elektromobilität mit der Batterie und die Elektromobilität mit dem Wasserstoff/der Brennstoffzelle einander ergänzen, wie aktuell in der Verbrennermobilität die Fahrzeuge mit einem Benzin-Motor und die Fahrzeuge mit einem Diesel-Motor einander ergänzen.
Niemand käme auf die Idee, die Gleichzeitigkeit des Diesels und des Benzins als Kraftstoff für die Verbrennermobilität in Frage zu stellen. Warum dann die unnötige Diskussion um die Fragestellung der Gleichzeitigkeit der Batterie- mit den Brennstoffzellen-Fahrzeugen?
Weil die Interessenvertreter der Kohlewirtschaft und auch der Mineralölindustrie deren Lobby-Arbeit sehr gut bezahlt mit dem Ziel, dass die konkurrierenden Energie-Produkt in den Energiemärkten möglichst lange ausgebremst werden.

Nicht weniger oft gehört waren die Aussagen, dass eine Versorgungssicherheit mit elektrischer Energie nur möglich sein kann mit der Netzzentralität durch den Erhalt der Energieerzeugung durch die Kraftwerke. Richtig ist, dass regenerativ erzeugte Energien mit dem Wasserstoff nicht nur dezentrale Insellösungen ermöglichen, sondern auch netzparallel geführte Anlagen ermöglichen, welche mit einer intelligenten Netzführung gekoppelt werden können; dies auch zu virtuellen Kraftwerken.

Ebenso oft gehört waren die Aussagen, dass Deutschland ein Energieimportland sei und die Energie in Form von Wasserstoff auch in Zukunft aus dem Ausland bezogen werden müsse, weil Deutschland nicht genügend eigene regenerativ erzeugte Energien vorhalten kann. Richtig ist, dass der Wasserstoff aus dem Ausland mit der Transportinfrastruktur erheblich teurer ist; jede in der BRD erzeugte Kilowattstunde elektrischen Stroms dient der Reduzierung der Energiekosten. Mit dem Ausbau der regenerativen Energieerzeugung durch moderne Windenergieanlagen, in Verbindung mit der Erzeugung von elektrischer Energie durch moderne Solaranlagen, wird ein erheblicher Anteil der Wasserstofferzeugung in Deutschland erfolgen können.

Sie erfahren zugleich die wohl spannendsten Entwicklungen der modernen Welt mit den Herausforderungen von Heute; dies zum einen mit Blick auf den Erhalt der Energieversorgungssicherheit für die Menschen, dies zudem mit Blick auf die zahlreichen Chancen für die kommenden Generationen.

Wenn die Energiewende gelingen soll, ist der Ausbau der regenerativ erzeugten Energien alternativlos. Sollen auch die gesetzten Ziele mit Blick auf den Ausstieg aus der Kohle gelingen, muss die Politik darauf achten, dass die konträr zueinander wirkenden politischen Beschlüsse in der Zukunft vermieden werden.

Der ehemalige Bundeswirtschaftsminister Peter Altmaier (CDU) hatte auf der einen Seite den Energieträger Wasserstoff als wichtig benannt für das Gelingen der Energiewende, hatte auf der anderen Seite jedoch den ebenso wichtigen Ausbau der Erzeugung regenerativer Energien ausgebremst, mit den verschärften Vorgaben, so dass an sehr vielen Stellen, an denen bereits Windenergieanlagen stehen, keine mehr gebaut werden konnten.
Diese aktuell vorherrschenden Unstimmigkeiten sind Gegenstand der mahnenden Menschen in Deutschland und hatten auch einen wesentlichen Einfluss auf den Ausgang der Bundestagswahlen 2021.
Eines der "drei Wörter des Jahres 2019" war Klimajugend!

Bild: Dieter Mende
Wind, Sonne, GEO, Bio, Hydro ... die Energieerzeugung ist zunehmend regenerativ und benötigt für die unterbrechungsfreie Energieversorgung die geeigneten Energiespeicher.

Energiewende: die zahlreichen technischen Potenziale:

Bild oben:
Wir steigen ein für eine kurze Reise mit dem Blick auf das bereits Erreichte und kommen zurück dorthin, wo heute die Chancen den Anspruch bestätigen: am Wasserstoff-Anwenderzentrum h2herten;

Bild unten:
Im Internet finden sich Abbildungen einer Brennstoffzellenskizze aus dem Jahr 1839 von dem britischen Physikochemiker Sir William Robert Grove.
Im Jahr 2006 hat die Brennstoffzelle (Bild unten) schon anders ausgesehen.

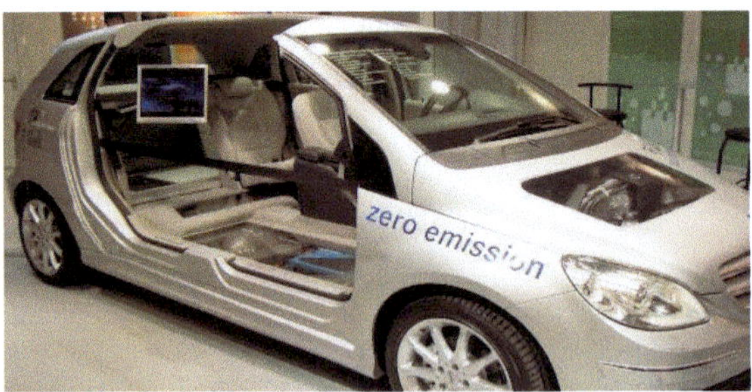

Bilder fotografiert von Dieter Mende, EEZ Energie Energiewirtschaft Zukunftsenergien, Bilderberatung von Antje Mende, LIKES Layout Impuls Konzept Entwurf Style

Nach der Weltklimakonferenz in Rio 1992 wurde die e7-Initiative gegründet, um den Umweltschutz und um eine nachhaltige Entwicklung in der Energiewirtschaft zu fördern; die gründenden e7-Mitglieder sind neun der weltweit führenden Energieversorgungsunternehmen gewesen in den G7 Industrieländern.
Diese e7-Gruppe hat mit dem Start eine Organisation dargestellt, welche über ein einzigartiges, operatives Wissen im Sektor der elektrischen Energie verfügt.

Die im Jahr 1992 gründenden e7-Gesellschaften waren in alphabethischer Reihenfolge:

+ AEP (USA),
+ EdF (Frankreich),
+ Enel (Italien),
+ HydroQuebec (Kanada),
+ KANSAI (Japan),
+ ONATARIOPOWER (Kanada),
+ RWE (Deutschland),
+ RAO UERS (Russland) und
+ TEPCO (Japan).

Die e7-Gruppe hat sich 1992 besorgt gezeigt über die Bedrohung durch die globale Erwärmung und hat ein Engagement zur Reduzierung der Treibhausgase gefordert. Mit dieser Zielsetzung haben auch die Wasserstoff- und auch die Brennstoffzellentechnologien an enormer Bedeutung gewonnen.

1995 wurde die Arbeitsgruppe "Klimaänderung" in Folge der ersten Klimakonferenz in Berlin geschaffen. Seither wurden Strategien der Energiewirtschaft erarbeitet, in denen der Einsatz der Brennstoffzellentechnologien in den Vordergrund gerückt ist.

Die Brennstoffzelle hatte bereits im Jahr 2009 eine große Aufmerksamkeit erhalten mit Blick auf die umweltfreundliche Energiewandlung; die Brennstoffzelle hat international an Bedeutung gewonnen.

2010 ist die Weltwasserstoffkonferenz in Essen zu Gast gewesen; RWE war der Hauptsponsor. Zu diesem Zeitpunkt konnten auch in Deutschland bereits zahlreiche Pilotprojekte präsentiert werden.
Auch das Wasserstoff-Anwenderzentrum h2herten und zudem das ZBT Zentrum für Brennstoffzellentechnik in Duisburg hatten im Ruhrgebiet die Weltwasserstoffkonferenz 2010 begleitet z.B. mit den Führungen durch die Anlagen und mit Präsentationen.

Die zukünftige Bedeutung der Brennstoffzellen als Energiewandler, je nach Brennstoffzellentyp auch mit Blick auf die Betriebstemperaturen zudem als thermische Energiequelle, ist in diesem Buch dargestellt.
Die Darstellungen der Marktentwicklungen folgen den technischen Grundlagen. Wertschöpfungsanalysen der Energie aus Brennstoffzellen sind Indikatoren des bevorstehenden Markthochlaufs der Brennstoffzellen- und der Wasserstofftechnologien.

Die Brennstoffzellen- und die Wasserstofftechnologien haben das Potenzial der Umsetzung der anspruchsvollen Ziele mit der Energiewende; dies klimaneutral, umweltfreundlich und auch nachhaltig.

Die Brennstoffzellen- und die Wasserstofftechnologien haben zudem das Potenzial, dass die Erzeugung von Energie nicht nur aufgrund der deutlich höheren Wirkungsgrade auch in Zukunft bezahlbar sein wird.

Der Einstieg in die Brennstoffzellentechnologien mit dem technischen Aufbau und mit der Unterscheidung der sechs Brennstoffzellensysteme.

Das Grundprinzip der Brennstoffzelle:
Zugeführt werden: Wasserstoff und Luftsauerstoff.
Das Ergebnis sind elektrische Energie und Wasser; je nach dem Brennstoffzellensystem auch die thermische Energie, die Wärme.

Brennstoffzellen sind einfach aufgebaut. Die eigentliche Zelle besteht aus drei übereinander liegenden Schichten. Die erste Schicht ist die Anode, die zweite Schicht ist ein Elektrolyt und die dritte Schicht bildet die Kathode.

Mit dem modularen Aufbau, mit dem Zusammenfügen von einzelnen Zellen in einem Stapel (Stack), lassen sich je nach Anwendungsbereich die unterschiedlichen Leistungsmerkmale erstellen.

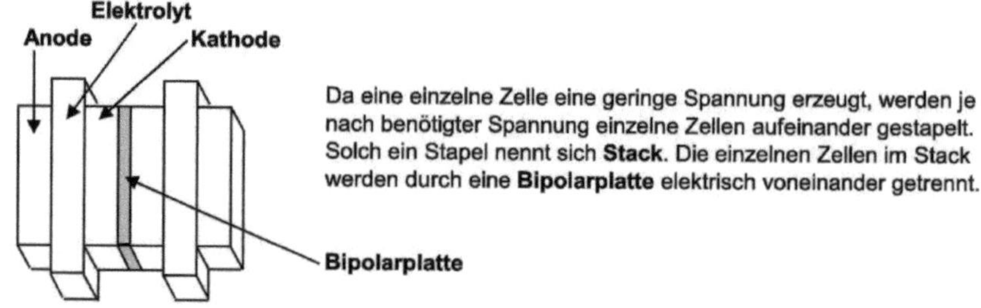

Skizze:
Dieter Mende, EEZ Energie Energiewirtschaft Zukunftsenergien

Befindet sich an der Anode Wasserstoff, an der Kathode Sauerstoff, läuft folgender Vorgang ab:

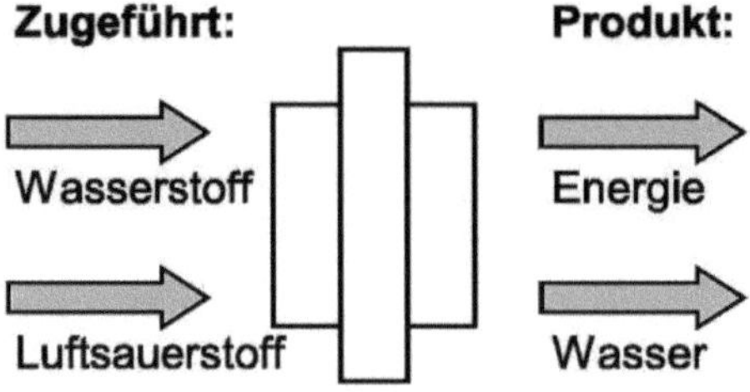

Skizze:
Dieter Mende, EEZ Energie Energiewirtschaft Zukunftsenergien

Die Anode und die Kathode dienen als Katalysator. Die mittlere Schicht besteht aus einer Trägerstruktur, welche den Elektrolyten in sich aufnimmt.
Als Elektrolyten dienen in den verschiedenen Brennstoffzellentypen jeweils unterschiedliche Stoffe.

Eine einzelne Zelle erzeugt eine geringe Spannung, somit werden je nach benötigter Spannung die einzelnen Zellen aufeinander gestapelt, womit sich gezielt mit Blick auf die Anforderungen der beabsichtigten Anwendung die passenden Brennstoffzellen modellieren lassen. Solch ein Stapel ist der Brennstoffzellenstack; die einzelnen Zellen in dem Stack werden, wie in den Skizzen zuvor gezeigt, durch eine Bipolarplatte elektrisch voneinander getrennt.

Der Ablauf in einer Brennstoffzelle:

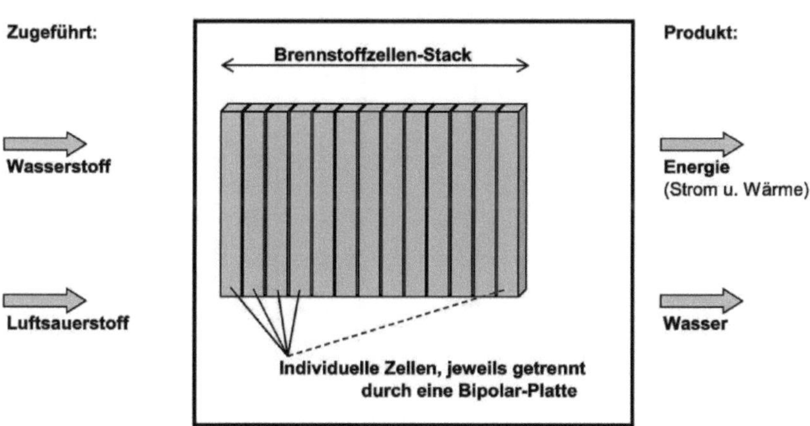

Skizze:
Dieter Mende, EEZ Energie Energiewirtschaft Zukunftsenergien

Ein Wasserstoffmolekül wird unter Abgabe von Elektronen in zwei Wasserstoffatome geteilt. Die entstehenden Wasserstoff-Ionen wandern durch den für sie durchlässigen Elektrolyten zur Kathode und oxidieren mit dem Sauerstoff zu Wasser.

Damit das Wasser entstehen kann, werden die Elektronen benötigt, die zu Beginn an der Anode abgegeben worden sind. Der Elektrolyt zwischen der Anode und der Kathode hatte die Wasserstoff-Ionen durchgelassen, der Elektrolyt selbst ist aber nicht elektrisch leitend und stellt daher einen Isolator dar, durch welchen sich die Elektronen nicht bewegen können.

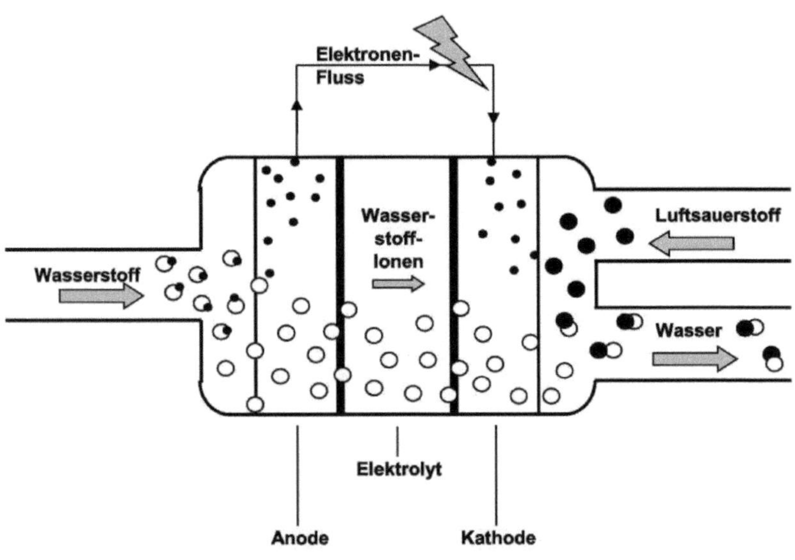

Skizze:
Dieter Mende, EEZ Energie Energiewirtschaft Zukunftsenergien

Somit wird für die Elektronen ein Umweg um die trennende Schicht zwischen der Anode und der Kathode eingesetzt, ein elektrischer Leiter. Werden die beiden Elektroden an der Anode und an der Kathode mit einem elektrischen Leiter verbunden, können die Elektronen durch diesen von der Anode zur Kathode wandern; es fließt ein nutzbarer, elektrischer Strom. Dieser Prozess läuft kontinuierlich ab, solange ausreichend Wasserstoff und Luftsauerstoff vorhanden sind.

Die Bezeichnung der Brennstoffzellentypen richtet sich nach dem Elektrolyten.

Die grobe Unterscheidung der Brennstoffzellentypen erfolgt in Niedrig-, Mittel- sowie Hoch-Temperatur Brennstoff-zellen; die Entwicklungen der Brennstoffzellentechnik sind auch orientiert an den beabsichtigten Anwendungen.

Dieses Buch hat eine breite Zielgruppe und ist somit aufgebaut, dass zum einen die technisch interessierten Leser*innen die wichtigen Informationen erhalten zu den technischen Abläufen, dass die weniger technisch interessierten Leser*innen diesen Bereich überspringen können, ohne dass damit das Buch für die weniger technisch interessierten Leser*innen an Aussage-kraft verliert.

Dennoch verspreche ich den weniger an der Technik interessierten Leser*innen, dass beim Ihnen das Lesen dieses Kapitels sehr viele “Aha-Momente“ auslöst.

Brennstoffzellentyp	Betriebs-Temperatur [°C]	Elektrolyt	Brennstoff	Oxidations-Medium
Alkalische Brennstoffzelle AFC	60 bis 100	Alkalilauge	Wasserstoff	Sauerstoff
Protonenaustausch Membranbrennstoffzelle PEMFC	50 bis 100	Perflurierte sulfonierter Polymer Elektrolyt	Wasserstoff und reformierter Wasserstoff	Luftsauerstoff
Direktmethanol-Brennstoffzelle DMFC	70 bis 100	protonenleitende Polymermembran	Wasserstoff reformiert aus Erdgas	Luftsauerstoff
Phosphorsaure Brennstoffzelle PAFC	160 bis 210	Stabilisierte Phosphorsäure	Wasserstoff reformiert aus Erdgas	Luftsauerstoff
Schmelzkarbonat-Brennstoffzelle MCFC	650	Schmelzkarbonat-Lösung	H_2 und CO aus interner Reformierung von Erd- oder Kohlegas	Luftsauerstoff
Festoxid-Brennstoffzelle SOFC	800 bis 1000	Festkeramischer Elektrolyt	H_2 und CO aus interner Reformierung von Erd- oder Kohlegas	Luftsauerstoff

Tabelle:
Dieter Mende, EEZ Energie Energiewirtschaft Zukunftsenergien

Niedrig-Temperatur-Brennstoffzellen weisen eine Betriebstemperatur auf bis ca. 100°C; es sind dies die:

- + Alkalische Brennstoffzelle (AFC) Alkaline Fuel Cell
- + Membrane-Brennstoffzelle (PEMFC) Proton Exchange Membrane Fuel Cell
- + Direktmethanol-Brennstoffzelle (DMFC) Direct Methanol Fuel Cell

Mittel-Temperatur-Brennstoffzellen sind:

+ Phosphorsaure Brennstoffzelle (PAFC) Phosphoric Acid Fuel Cell

Hoch-Temperatur-Brennstoffzellen weisen eine Betriebstemperatur auf von 650°C bis 1000°C, diese werden auch bezeichnet als Hot-Modul:

+ Festoxid-Brennstoffzelle (SOFC) Solid Oxide Fuel Cell
+ Schmelzkarbonat-Brennstoffzelle (MCFC) Molten Carbonate Fuel Cell

Funktion und Anwendung der (AFC) Alkaline Fuel Cell:

Mit einer Betriebstemperatur von bis zu 100 °C ist die alkalische Brennstoffzelle eine Nieder-Temperatur-Brennstoffzelle. Unabdingbar für eine ausreichende Reaktions-Geschwindigkeit ist der Einsatz von Katalysatoren.
30-Prozentige Kalilauge (KOH) dient der AFC als Elektrolyt, welche durch die Zelle gepumpt wird.

Voraussetzung für den Betrieb einer AFC ist die Verwendung von reinsten Brenngasen, elementarer Wasserstoff bzw. Sauerstoff, da Kohlendioxid CO_2 den Elektrolyten zersetzen kann:

Gesamtreaktion: $OH^- + CO_2 => CO_2^{2-} + H^+$

Selbst ein Betrieb mit Luft ist nicht möglich, weil auch hier kleinste CO_2-Anteile den Elektrolyten zersetzen können. Auf Grund der erforderlichen Gasreinheit findet die AFC ihre Anwendung nur im speziellen Einsatz. Die Marine verwendete die AFC in U-Booten, in der Raumfahrt wurde die AFC schon in Raketen und im Spaceshuttle eingesetzt.
In den sechziger Jahren wurde die AFC auf Grund ihres hohen Wirkungsgrades zur technischen Reife entwickelt. Für eine zivile Anwendung stehen allerdings die Kosten und die Notwendigkeit der reinen Brenngase im Weg.
Aus diesen Gründen setzen die Marine und die NASA mittlerweile die PEMFC ein. Zur Senkung der Kosten wurde ein Energieträger gesucht über welchen schnell und mit wenig Aufwand Wasserstoff hergestellt werden kann und gefunden z.B. im Ammoniak (NH_3).

Funktion und Anwendung der PEMFC:

Bei einer PEMFC Proton Exchange Membrane Fuel Cell kommt ein edelmetallhaltiger Katalysator, meist Platin, zum Einsatz. Über das Platin können Wasserstoff und Sauerstoff miteinander reagieren.
Der Elektrolyt, eine Polymer-Membran, lässt nur Protonen durch. Die Protonen und die Elektronen entstehen an der Anode durch Oxidation des Wasserstoffs. Hierbei entsteht an der Anode ein Gleichgewicht zwischen absorbierten Wasserstoff-Molekülen und hydratisierten Wasserstoff-Ionen. Die Protonen (H^+-Ionen) wandern durch die Membran zu der Kathode.

Hier findet die Reduktion von Sauerstoff zu Wasser statt. Die für die Reduktion nötigen Elektronen fließen durch einen äußeren Stromkreis zur Kathode.
Die hierbei stattfindende Aufladung der Elektronen wird Elektroden-Potenzial genannt. Die erzeugte Potenzial-Differenz, welche durch die Reaktion zwischen den beiden Elektroden erzeugt wird, ist die treibende Kraft der Brennstoffzellen-Reaktion und wird im äußeren Stromkreis in elektrische Arbeit umgewandelt.

Anode: $2H_2 => 4H^+ + 4e^-$
Kathode: $O_2 + 4e^- => 2O^{2-}$
Gesamtreaktion: $2H_2 + O_2 => 2H_2O$

PEM-Brennstoffzellen sind in ihrer Handhabung unkompliziert; die Leistungsabgabe lässt sich mit großer Dynamik regeln und ist deshalb besonders für die dezentrale Energieversorgung geeignet; ist auch für den mobilen bzw. portablen Einsatz geeignet.
Prototypen für Kraftfahrzeuge, Blockheizkraftwerke BHKW, Heizgeräte und Elektronikgeräte haben die grundsätz-liche Entwicklungsphase durchlaufen und haben bereits auch die Vorserienreife durchlaufen.

Tatsächlich hat die Proton Exchange Membrane Fuel Cell mit Blick auf das Gewicht und auf das Volumen der PEMFC eine sehr hohe Leistungsdichte, was dazu geführt hat, dass dieser Brennstoffzellen-Typ bereits heute eine weit gefächerte und eine weit entwickelte Einsatz-perspektive hat.

Die entwickelten PEMFC-Typen mit einer Temperatur bei 90°C bis etwa 180°C erschließen erfreulich viele Anwendungen und haben das Potenzial der Massenfertigung; die Massenfertigung hat einen wesentlichen Anteil an der Kostenreduzierung.

Funktion und Entwicklung der DMFC:

Die DMFC Direct Methanol Fuel Cell ist eine Weiterentwicklung der PEMFC und arbeitet ebenfalls bei den Temperaturen bis 100 °C. Auch die DMFC ist mit einer Kunststoff-Membran als Elektrolyt ausgestattet.
Hier kommt an der Anode Methanol (Methanol-Gas) zum Einsatz. Das Methanol wird an dem Elektrolyten direkt in Protonen, freie Elektronen und Kohlendioxid (CO_2) umgewandelt. Prinzipiell können sowohl alkalische als auch saure Elektrolyten verwendet werden. Die thermodynamischen Spannungen haben folgenden Reaktions-Ursprung:

Sauer: $CH_3OH + 3/2\ O_2 => CO_2 + 2H_20$
E_0; 25°C = 1,185 V
Alkalisch: $CH_3OH + 3/2\ O_2 + 2OH => CO_3 + 3H_20$
E_0; 25°C = 1,252 V

Die DMFC in der Weiterentwicklung: Entwicklungskriterien sind zum einen eine höhere Stabilität der Katalysatoren und zum anderen eine bessere Zuverlässigkeit der Membran. Im eher speziellen mobilen Einsatz zeigen sich Chancen des Brennstoffs Methanol.

Methanol ist bis 65 °C flüssig; vorhandene Fahrzeuge werden umgebaut, anders als der grundsätzliche andere Systemaufbau wie er bei dem Wasserstoffgas nötig ist.
Ein DMFC-Antrieb galt eine kurze Zeit als Alternative zu dem herkömmlichen Verbrennerantrieb mit einem Motor.
Die Weiterentwicklungen konzentrieren sich auf die Lebensdauer der Brennstoffzellen. Die geringe Energiedichte des Brennstoffs Methanol ist auch ein Grund dafür, warum dieser Brennstoffzellentyp nicht in die breite Anwendung kommen wird.

Funktion und Anwendung der PAFC:

Der Elektrolyt der PAFC Phosphoric Acid Fuel Cell ist nahezu wasserfreie Phosphorsäure (P_2PO_4).
Die phosphorsaure Brennstoffzelle arbeitet bei einer Betriebstemperatur bis zu 210 °C und ist daher eine Mittel-Temperatur-Brennstoffzelle. Durch den Einsatz von Säure als Elektrolyt kann ein CO_2-haltiges Gas als Brennstoff genutzt werden; Kohlendioxid reagiert nicht mit der Säure.

In der Regel wird eine PAFC mit reformiertem Erdgas und Luftsauerstoff betrieben. An dieser Stelle wird das Grubengas als Brennstoff interessant.

Der Elektrolyt der PAFC wird nicht als Flüssigkeit durch die Zelle gepumpt, er wird in einem porösen Kunststoff-vlies aufgesaugt und somit zwischen die Elektroden gebracht.

Als Elektroden kommen kunststoffgebundene Kohlematerialien zum Einsatz, welche mit katalytisch aktiven Edelmetall-Partikeln (Gold, Platin) belegt sind.

Der Wirkungsgrad einer PAFC ist nicht herausragend, jedoch hat die PAFC einen hohen Entwicklungsstand.
Unter kommerziellen und technischen Gesichtspunkten ist eine PAFC für stationäre Anwendungen geeignet.

Das Angebot reicht von 200kW-Anlagen bis zu Anlagen im MW-Bereich; veröffentlichte Erfahrungen nennen einen Betriebszeitraum von ca. 30.000 Laststunden.
Die Verfügbarkeit einer Anlage unter Einbezug von den Stillstandzeiten, den Umbau- und Wartungszeiten, beträgt nach Praxiserfahrung um 87%.

Funktion und Anwendung der MCFC:

Wie der Name der MCFC Molten Carbonate Fuel Cell schon verrät, kommen hier geschmolzene Karbonate als Elektrolyt zum Einsatz. Dies sind meistens Alkalikarbonate wie Litiumkarbonat (Li_2CO_3) oder Kaliumkarbonat (K_2CO_3).
Während bei einer PEMFC von der Anode H^+-Ionen zur Kathode wandern und dort mit O^{2-}-Ionen zu Wasser reagieren, verläuft die Reaktion bei einer MCFC anders herum: Ionen wandern von der Kathode zur Anode!
Mit der Zuführung von CO_2 an die Kathode reagieren die Sauerstoff-Ionen zu Carbonat-Ionen:
Reaktion: $O^{2-} + CO_2 => CO_3^{2-}$

Negativ geladene Karbonat-Ionen wandern durch den Elektrolyten zu der Anode. Dort reagieren die Karbonat-Ionen mit jeweils zwei H^+-Ionen zu Kohlensäure (H_2CO_3), die sofort in Wasser (H_2O) und Kohlendioxid (CO_2) zerfällt.

Dem Luftstrom zur Kathode wird das entstandene Kohlendioxid beigemischt, damit der Karbonat-Kreislauf erhalten bleibt. Eine MCFC kann ihre Eignung aufgrund der hohen Betriebstemperatur von 650 °C in BHKW´s und in großen Kraftwerken finden.

Mit den Testanlagen bei einem Erdgas- oder Grubengas-Brennstoffeinsatz wurden Leistungen von ca. 2MW erreicht.

Funktion und Anwendung der SOFC:

Ein keramischer Festelektrolyt, meist das Yttrium-stabilisierte Zirkon-Oxid (ZrO_2/Y_2O_3), wird in den Festoxid-Brennstoffzellen SOFC Solid Oxide Fuel Cell verwendet. Unterschieden wird zwischen verschiedenen Zellkonzepten, insbesondere zwischen einem Röhrenkonzept und einem Flachzellenkonzept (planare Anordnung).

Mit einer internen Reformierung des Brennstoffs können verschiedene Brenngase zum Einsatz kommen.
Die hohe Betriebstemperatur von ca. 1000 °C ermöglicht einen Brennstoffeinsatz von CO-haltigen Gasgemischen!

Das hohe Wirkungsgrad-Potenzial kann gesteigert werden durch den druckgeladenen Betrieb statt atmosphärischem Betrieb.
Das Hauptanwendungsgebiet der SOFC liegt sicherlich in der Energieerzeugung durch Kraftwerke, in der Energieerzeugung durch Blockheizkraftwerke BHKW, sowie in der Nutzung im Bereich der Kraft-Wärme-Kopplung KWK.

Daneben wurde über Großkraftwerke nachgedacht, bei denen die Abwärme zur Stromerzeugung in Gasturbinen genutzt wird.

Mit der alterungsbedingten oder auch mit der politisch motivierten Stilllegung von Kraftwerken bekommen die Brennstoffzellen mit hoher Betriebstemperatur wieder neue Aufmerksamkeit.

Grundsätzlich kann auf der bereits bestehenden Infrastruktur der Kraftwerke aufgesattelt werden, indem die Leitungen und auch die Gebäude der stillzulegenden Kraftwerke weiterhin genutzt werden.

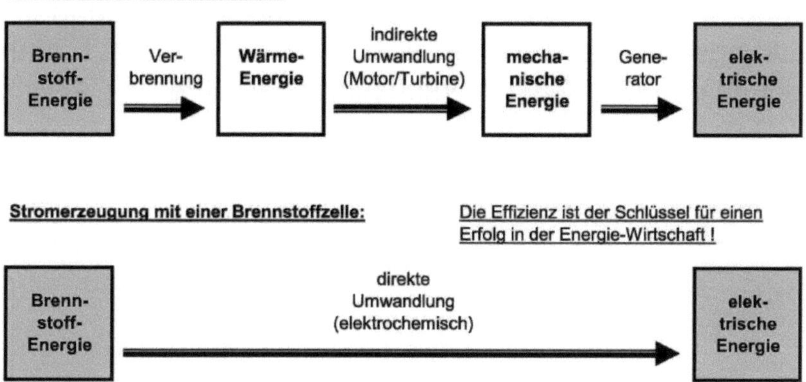

Skizze:
Dieter Mende, EEZ Energie Energiewirtschaft Zukunftsenergien

Die Skizze oben macht deutlich, dass die Chancen der Energiewende nicht nur in dem Mix der regenerativ erzeugten Energien und in dem Mix der Energiespeichermöglichkeiten liegen, sondern auch in dem Umdenken hin zu mehr Effizienz; dies zudem umweltfreundlich und auch klimaneutral.

Der obere Pfad in der Skizze ist auch der Pfad der Energieerzeugung z.B. in einem Kohlekraftwerk.
Die Kohle wird verbrannt und mit der erzeugten Wärme wird Wasserdampf erzeugt. Der Wasserdampf treibt eine Dampfturbine an und über eine Welle wird die Drehbewegung der Dampfturbine übertragen auf den Generator.

Der Wirkungsgrad eines modernen Kohlekraftwerks kann bis zu 45% betragen; 30 bis 40% sind durchaus bekannt. Mit der direkten elektrochemischen Umwandlung kann ein Wirkungsgrad bei 65% erreicht werden, mit der Einbeziehung der Wärme ein Wirkungsgrad bei 80%.

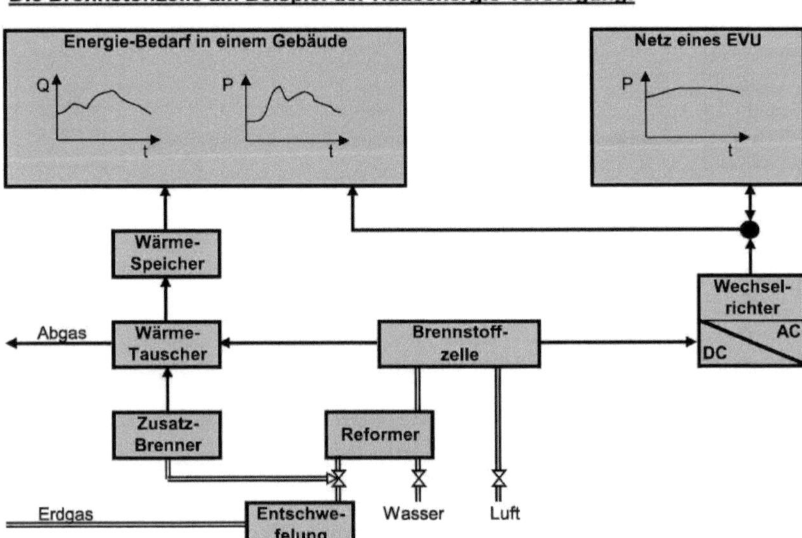

Skizze:
Dieter Mende, EEZ Energie Energiewirtschaft Zukunftsenergien

Es gibt bereits seit vielen Jahren die Untersuchung mit Test-Projekten, ob und wie mit dem Erdgas als Brückentechnologie die Brennstoffzellentechnologie in die energetische Versorgung von Gebäuden kommen kann.

Unterschieden wird dabei zum einen mit dem Ansatz:

+ dass mit dem Ausbau der Wasserstoffinfrastruktur der Wasserstoff bis in die Gebäude kommt, wie aktuell das Erdgas,
+ dass mit dem Ausbau der Wasserstoffinfrastruktur eher zentrale Anlagen entstehen werden; zentrale Anlagen wie ein Blockheizkraftwerk (BHKW) und damit angepasst an den Energiebedarf.
+ Somit entstehen Quartierslösungen Wohnen und Quartierslösungen Gewerbe.

Anwendung stationär

Die Brennstoffzellen sind grundsätzlich nicht ortgebunden, da die benötigten Brennstoffe z.B. in Fahrzeugtanks oder in Druckflaschen mitgeführt werden können. Dies ist eine Grundvoraussetzung, damit die Brennstoffzellentechnologie im 21. Jahrhundert Maßstäbe für die Energieversorgung setzen kann. Dem potenziellen Einsatz einer Brennstoffzelle ist somit keine räumliche Grenze gesetzt. Die in den Brennstoffzellen erzeugten Energien sind zu unterscheiden in der thermischen Energie W_{th} und in der elektrischen Energie W_{el}.

Maßstäbe setzen kann der Einsatz von Brennstoffzellen in den Kraftwerken zur Energieversorgung, in den Blockheizkraftwerken, im Gewerbe, in Bädern oder auch z.B. in öffentlichen Gebäuden mit dezentraler Energieerzeugung, dies durchaus auch mit der Nahwärme.

Mit diesem Gedanken ist der Begriff der maximalen Energieautarkie entstanden. Mit der Weiterführung dieses Gedankens sind die Potenziale der Vernetzungen, der Quartierslösungen, entstanden; mit dem Begriff virtuelles Kraftwerk.
Ein virtuelles Kraftwerk, das wurde in dem Buchverlauf zuvor gezeigt, kann in einer zukunftsfähigen Energieinfrastruktur erheblich beitragen zur Stabilisierung der elektrischen Netze der Energieversorgungsunternehmen.

Brennstoffzellen können durchaus mit optimierter Systemintegration einen Wirkungsgrad bei 65% erreichen; dies favorisiert den Brennstoffzellen-Einsatz z.B. auch für die Rückverstromung der regenerativ erzeugten elektrischen Überkapazitäten, welche zuvor mit der Elektrolyse gewandelt worden sind zu Wasserstoff.

Die Geräuscharmut von Brennstoffzellen stellt den nächsten favorisierenden Faktor dar. Der Aufbau der Brennstoffzellenmodule lässt sich den örtlichen sowie auch den räumlichen Gegebenheiten anpassen.

In den Kraftwerken können Hoch-Temperatur-Brennstoffzellen Einzug halten, da hier kein reiner Wasserstoff für den Betrieb nötig ist, als Brennstoff kommt das in anlagenintern reformierte Erdgas oder Grubengas zum Einsatz; dies gerade auch in Gebieten wie NRW, in denen die Montanindustrie stillgelegte Zechen hinterlässt.
Grundsätzlich schlummern in unseren Kohle-Regionen ungenutzte Speicher- und Energiereserven.

Man weiß heute, dass das Grubengas neben dem FCKW eines der großen Probleme des Klimawandels ist. Grubengas besteht zu 70% aus Methan (CH_4).

Kraftwerke mit den Brennstoffzellentechnologien benötigen längere Anfahrzeiten, so dass der potentielle Einsatz nicht im Spitzenlast-, sondern im Grundlastbereich Einzug halten kann. Blockheizkraftwerke mit einem Leistungsbereich von 200kW bis 250kW befanden sich bereits 2010 zahlreich in der Erprobung. Deren Einsatz in der dezentralen Kraft-Wärme-Kopplung leistet einen Gesamtwirkungsgrad von 80% und weist ein sehr gutes Teillastverfahren auf. Marktreife kann hier bereits die PAFC Brennstoffzellen-technologie erreichen; wenn politisch gewollt.
Erzeugt werden kann eine dezentrale Energieversorgung, deren technische Anlage sowohl als Insellösung gefahren werden kann, als auch parallel in dem elektrischen Netz der Energieversorgungsunternehmen.
Hinzu kommt die potenzielle Versorgung mit Nahwärme.

Über eine Kommunikationsschnittstelle, mit der Digitalisierung können viele dezentrale Brennstoffzellengeräte gekoppelt werden mit einer intelligenten Netzführung, mit einem zentralen Lastmanagement.
Netzwerke dezentraler Brennstoffzellenanlagen:

+ können einander ergänzen,
+ können aber auch mit einer intelligenten Netzführung einander entlasten in der Versorgungsinfrastruktur der Netzbetreiber,
+ können zudem die zentrale und die dezentrale Energieversorgung koppeln.

Eine einander ergänzende Energieinfrastruktur kann durch die Optimierung die Lastebenen koppeln mit den flexibel fahrbaren Kleinanlagen; es entsteht das virtuelle Kraftwerk.

Anwendung: mobil

Bereits in dem Jahr 2010 waren Brennstoffzellenantriebe angegeben mit einem Wirkungsgrad bei 40%.
Der Ottomotor eines PKWs kann lediglich einen Wirkungsgrad bei 23% aufweisen. Der Grund des Vorteils der Brennstoffzelle liegt in der elektrochemischen Anwendung gegenüber den thermodynamischen Prozessen in den Verbrennungsmotoren.

Der Wasserstoff bietet die Speicherung bzw. die Mitführung in einem Tank mit sehr großer Energiedichte.
In der mobilen Anwendung werden Niedrig- und Mittel-Temperatur-Brennstoffzellen erwartet in der Systemintegration.

In einem Druckspeicher kann Wasserstoff mit hoher Energiedichte mitgeführt werden, der Erfolg hängt jedoch eng zusammen mit dem Auf- und dem Ausbau der Wasserstofftankstelleninfrastruktur.

Grundsätzlich besteht die technische Möglichkeit, dass mittels Dampfreformer die mobile Brennstoffzelle kombiniert wird mit der Nutzung flüssiger bzw. gasförmiger Kohlenwasserstoffe (Diesel, Kerosin, Methanol, Erdgas).

Umweltpolitisch, mit Blick auf die Herausforderungen der Energiewende, mit Blick auf den Klimawandel und auf den Umweltschutz, muss diese technische Option als Irrweg gesehen werden.

Interessant ist auch der Brennstoffzelleneinsatz in den portablen Anwendungen.

Wesentlich wird die portable Brennstoffzellentechnologie in den Einsatzbereichen der Notstromaggregate, der Inselanlagen und der Freizeitgeräte sowie in der Kommunikationselektronik Anwendung finden.
Zum Beispiel in Notebooks können Wasserstoffspeicher als Kartuschen zum Einsatz kommen, welche eine wesent-lich längere Betriebsdauer vorweisen als Akkus.

Ein Handy könnte mit einer Brennstoffzelle mit Blick auf den Speicher grundsätzlich eine zehnfache Sprechzeit erreichen; ein Notebook kann mit einer Brennstoffzelle eine Betriebszeit von 100 Stunden erreichen. Zuerst hat die Brennstoffzelle in den Nischensparten Einzug gehalten und den Betrieb mit herkömmlichen Akkus ersetzt.
Das Potenzial kann z.B. auch zum Einsatz kommen:

\+ in Elektrofahrrädern zur deutlichen Verlängerung der Reichweite,
in Elektrorasenmähern, in portablen Heizgeräten, in Gleichstromverbrauchern uvm.

Portable Anwendungen erscheinen nicht, oder eher selten in den Medien, wenn es um die Berichterstattung zur Energiewende geht, jedoch sind diese Anwendungen zahlreich.

HyBike ist in Herten ein erfolgreiches Demonstrationsprojekt gewesen, welches von Beginn an ausgelegt war auf eine mittelfristige Projektdauer, da die verbauten Komponenten an den Wasserstofffahrrädern nicht aus einer Massenfertigung stammten und somit die Schnittstellen der verbauten Komponenten eine Werkstattlösung gewesen sind. Das Projekt HyBike Herten hat dem grundsätzlichen Nachweis der Machbarkeit gedient.

Der Reaktionsstoff für den Betrieb einer Brennstoffzelle ist Wasserstoff.

Die Technologie und die Infrastruktur zur effizienten und zur kostenoptimierten Speicherung von Wasserstoff wird mit stetem Fortschritt immer wieder neu optimiert sein, sofern die Technologieentwicklung den Begriff der opti-mierten Anlagen überhaupt zulassen mag mit Blick auf das Fortschreiten der technischen Möglichkeiten.
Dies ist ein Ansichtspunkt, der aber auch auf alle aktuellen technischen Anwendungen zutrifft.

Kleinstspeicher für den Wasserstoff in Kassettenform mit Blick auf den Einsatz in elektronischen Anwendungen könnten auch kurzfristig auf den Markt gebracht werden.

Prototypen der Wasserstoffgroßspeicher berechtigen bereits 2010 zu der Annahme, dass eine mittelfristige Wasserstoffinfrastruktur den unerschöpflichen Energieträger Wasserstoff revolutionieren wird.
Wasserstoff ist die Klammer der drei Herausforderungen:

- \+ Energiewende,
- \+ Klimawandel,
- \+ Umweltschutz.

Anwendung: wie dynamisch ist der Markt?

Im stationären Bereich ist der Sinn, ist die Notwendigkeit der Integration der Wasserstoff- und der Brennstoffzellentechnologien in den Energiesystemen erkennbar, da Brennstoffzellen einen Wirkungsgrad bei 65% besitzen können.
Schadstoffemissionen wie Kohlendioxid CO_2 können mit der Einbindung der Wasserstoffbrückentechnologien bei 50% geringer entstehen, bis genügend grüner Wasserstoff aus regenerativ erzeugtem elektrischem Strom zur Verfügung steht.

Das ungenutzte Grubengas besteht zu 70% aus Methan und gelangt aus stillgelegten Zechen in die Atmosphäre, trägt damit bei zu dem Treibhauseffekt und ist ein weiterer Auslöser des Klimawandels.
Der Einsatz von Brennstoffzellen-Blockheizkraftwerken in der dezentralen Kraft-Wärme-Kopplung (KWK) kann einen Gesamtwirkungsgrad bei 80% leisten.

Aber wie ist die Entwicklung im mobilen Bereich?

Die Präsentationen der Brennstoffzellen- und der Hybrid-Fahrzeuge in der Öffentlichkeit sind erst in den letzten Jahren häufig geworden, obwohl der Sinn und die Notwendigkeit auch hier deutlich erkennbar sind.
Die Ressourcen der ohne großen Aufwand zu fördernden flüssigen und gasförmigen fossilen Brennstoffe sind in heute absehbarer Zeit aufgebraucht; zumindest mit dem Blick auf die Kohlenwasserstoffe, deren Förderung keinen erheblichen Kostenanstieg für die Erzeugung von Energie bedeutet.

Statistiken haben im Jahr 2007 gezeigt, dass die Erdölvorkommen bei derzeitigem Jahresverbrauch von 3,4 Mrd. t noch bis etwa 2050 reichen könnten. Die Jahreszahl 2050 erscheint Ihnen bekannt?
Der Klimaschutzplan vieler Länder der EU, so auch der Klimaschutzplan der BRD sagt aus, dass das Ziel erreichbar ist, dass bis zum Jahr 2050 Deutschland treibhausgasneutral sein soll; das “wie“ ist derzeit nachzulesen auf der Homepage des Bundesministeriums für Wirtschaft und Energie.

Fügt man der Berechnung das so genannte unkonventionelle Erdöl, wie Schweröl oder Teersande hinzu, sollen die Vorkommen zwar noch reichen bis in das Jahr 2100, jedoch wird die Rohstoffgewinnung derart teuer, dass dann der Energieträger Erdöl z.B. in Motoren nicht mehr wirtschaftlich verbrannt werden könnte.

Das Benzin und der Diesel würden an den Tankstellen Preise erreichen, welche sich für die mobile Bewältigung der alltäglichen Abläufe tatsächlich nur noch die wirklich reichen Menschen leisten könnten; Benzin und Diesel würden Luxusware.

Obwohl die Kfz-Industrie im asiatischen Raum erst Mitte der 90er-Jahre begonnen hat mit der Entwicklung der alternativen Fahrzeuge, wurden diese Entwicklungen wesentlich konzentrierter vorangetrieben. Die Hybrid-Technologie wurde in Deutschland entwickelt, aber von der europäischen Kfz-Industrie vollkommen falsch eingeschätzt und lange Zeit nicht integriert in die Fahrzeugsysteme.
Die Kfz-Industrie in Asien hatte in diesem Sektor früh serienreife Fahrzeuge in den Markt gebracht. Die Kfz-Industrie in Asien hat in den vergangenen Jahren auf Basis eines Regierungsprogramms wesentlich mehr Geld investiert in die Entwicklung der Brennstoffzellen-Fahrzeuge als europäische Länder; dies auch vor dem Hintergrund der Umweltprobleme.
Dies zudem vor dem Hintergrund des Erreichens eines Wettbewerbsvorsprungs im Fahrzeugmarkt der Zukunft.

Die Kfz-Industrie in Nordamerika hat ihren innovativen Ursprung traditionell in Kalifornien. Aufgrund der bestehenden Test- und Entwicklungsmöglichkeiten hat sich die deutsche Kfz-Industrie frühzeitig mit eigenen Testfahrzeugen dort eingefunden. Die kalifornische Politik, Thema "Low Emission Points", hatte bereits frühzeitig zum Ziel, dass die wenigen verfügbaren neuen Brennstoffzellen-

fahrzeuge der deutschen Kfz-Industrie hauptsächlich in Nordamerika fahren sollen.
Die Low Emission Points bestimmen, wie hoch die Einfuhrpreise sind in Nordamerika auch für deutsche Fahrzeughersteller über die Einfuhrsteuern, welche gesenkt werden können mit den Low Emission Points; dies mit dem Blick auf das Verhältnis von Fahrzeugen mit den emissionsfreien Antrieben zu den Fahrzeugen mit den Verbrennerantrieben.

Deutschland hatte mit dem Tiefensee-Programm des ehemaligen Bundesverkehrsministers Wolfgang Tiefensee zumindest einen ersten richtigen und wichtigen Weg aufgezeigt. Zumindest ein erster Anspruch ist erkennbar gewesen.
Die aktuellen politischen Entwicklungen in Deutschland lassen glauben, dass die Energiewende jetzt konsequent umgesetzt wird mit erkennbaren Fortschritten.

Wenn Europa den Anschluss verliert an die Technologieentwicklungen in Asien und in Nordamerika, dann werden viele Hightech-Arbeitsplätze für sehr lange Zeit verloren sein; wenn nicht sogar für immer.

In Europa hat sich Deutschland zu einem führenden Standort der Brennstoffzellen- und der Wasserstofftechnologien entwickelt.
Der Markt in Deutschland ist bestrebt um das Erreichen eines vorzeitigen Wettbewerbsvorsprungs.

Der Auf- und Ausbau der Wasserstoffinfrastruktur ist politisch bereits interfraktionell gefordert.

Nach Angaben aus dem asiatischen Raum investieren japanische Kfz Hersteller bis zu 10% des Netto Jahresgewinns in die Entwicklungen von den Brennstoffzellen-Fahrzeugen.
Der Auf- und Ausbau der Wasserstoffinfrastruktur ist auch in Japan politisch gefordert.

Die Entwicklung der Brennstoffzellentechnologien hatte in Nordamerika bereits in den sechziger Jahren ihren Ursprung, dies nicht nur mit deren Einsatz in militärischen Diensten sowie im Einsatz bei der NASA. Die für U-Boote oder für die Raumfahrt entwickelten Brennstoffzellentechnologien können jedoch nicht einfach in einem Fahrzeug verbaut werden, jedoch das Wissen um die Brennstoffzellentechnologien unterstützt die Entwicklungsarbeit.

Anders verhält es sich mit Blick auf die Wasserstofftechnologien; das industrielle Know-how bezüglich der Wasserstoffinfrastruktur ist anwendbar beim Auf- und Ausbau der nationalen und auch der internationalen Wasserstoffinfrastruktur.

Stets im Blick behalten:
die Basis einer Volkswirtschaft, wie wir sie in der BRD haben, ist die Bereitstellung von Energie; dies mit der Versorgungssicherheit.

Im Betreff Brennstoffeinsatz des grünen Wasserstoffs können aktuell grundsätzlich eine Reihe an potentiellen Brennstofflieferanten für die Brückentechnologien genannt werden, dies sind das Erdgas, das Grubengas, das Biogas, und das Klärgas. Methanol und die anderen fossilen Ausgangsstoffe und deren Nebenprodukte, welche entsprechend aufbereitet bzw. gereinigt werden müssen, sollten mit Blick auf die angestrebten Klimaziele nicht mehr zur Diskussion stehen. Das Erreichen der Klimaziele erfordert eine konsequente Umsetzung der Energiewende. Zudem sind die Ressourcen der ohne großen Aufwand zu fördernden flüssigen und gasförmigen fossilen Brennstoffe (Kohlenwasserstoffe) nicht nur in bereits absehbarer Zeit endlich, auch ist deren klimaschädlicher Einsatz bekannt; die Energiewende ist der folgerichtig eingeschlagene Weg der neunen Bundesregierung.

Die schwindenden Reserven sowie Ressourcen und der Klimawandel mit seinen globalen Folgen drängen zur Energiewende; die Energiewirtschaft bietet aktuell die zukunftsfähigen Lösungen.
Die zentrale Frage, wie die Energieversorgung in der Zukunft aussehen kann und aussehen wird, ist in das Bewusstsein auch derjenigen gerückt, welche sich bislang nicht mit dieser Fragestellung beschäftigen wollten.
Zudem sind die weltweiten politischen Entwicklungen bereits seit den Jahren 2006 und 2007 ein Ausblick dafür geworden, wie die Reichweiten der Reserven bzw. der Ressourcen des Energieträgers Erdöl und des Energieträgers Erdgas tatsächlich sind.

Eine Gegenüberstellung des Erdgasweltverbrauches zu den Erdgasreserven und Erdgasressourcen anhand der Angaben der Bundesanstalt für Geowissenschaft und Rohstoffe hat bereits im Jahr 2007 verdeutlicht, dass die Betrachtung und Förderung alternativer Energieträger bzw. alternativer Brennstoffe notwendig ist.

Mit der Fragestellung:

+ nach der Energieversorgungssicherheit,
+ nach den aktuellen technischen Möglichkeiten,
+ nach dem aktuellen Stand in der Forschung und in der Entwicklung,
+ nach den Bemühungen bezüglich einer zukunftsfähigen Infrastruktur für Energie,
+ nach den Projektentwicklungen und nach den Erwartungen auf der Zeitschiene bis zur Einführung neuer Energieträger,
+ nach den politischen Zielen,

beschäftigt sich dieses Buch und stellt in den Themenbereichen durch das wiederholte Heranführen an die Herausforderungen die Zusammenhänge her, verdeutlicht den enormen Handlungsbedarf und zeigt die Chancen mit den technischen Möglichkeiten.

Der Vergleich der Angaben des Welterdgasverbrauchs hat bereits in den Jahren 2001 und 2002 gezeigt, dass der weltweit stark ansteigende Energiebedarf nicht linear verläuft, sondern exponentiell.
Hatte im Jahr 2001 der Welterdgasverbrauch noch 2217 Milliarden Kubikmeter (Quelle: natural gas BP) betragen, so betrug im Jahr 2002 der Welterdgasverbrauch bereits 2528

Milliarden Kubikmeter (Quelle: BA für Geowissen-schaft und Rohstoffe).

Im dem Jahr 2018 lag der Welterdgasverbrauch bei knapp 4000 Milliarden Kubikmeter; der BP Energy Outlook 2019 bestätigt mit dieser Angabe den Handlungsbedarf in dem Energiesektor.
Der Anstieg des Erdgasverbrauchs wird künftig deutlich größer ausfallen durch den ansteigenden Energiebedarf in China, in Indien, in Brasilien und auch in Afrika.

Bezug nehmend auf die historischen und auf die industriellen Entwicklungen hatten bereits in der Vergangenheit konkurrierende Kraftstoffe und konkurrierende Technologien einen innovativen Wechsel in der Energiewirtschaft zur Folge.

Aktuell gehören die Wasserstoff- und Brennstoffzellentechnologien, idealtypisch in Kombination mit den Batterien bzw. mit den Akkus, zur aktuellen Lage konkurrierender Kraftstoffe und konkurrierender Technologien und lassen eine berechtigte, zukunftsweisende industrielle und energiewirtschaftliche Entwicklung erkennen.

Die absehbare Durchdringung verschiedenster Märkte mit den Wasserstoff- und Brennstoffzellentechnologien wird die Produktionsprozesse erweitern und auch verändern, wird etablierte Industriestrukturen ausbauen; dies auch mit der Sektorenkopplung des elektrischen Stroms mit dem Gas und mit der Wärme.

Die dezentrale Energieversorgung ist für die Energieversorgungsunternehmen in der Tat ein Paradigmen-Wechsel! Deren Zusammenarbeit z.B. in der IBZ Initiative Brennstoffzelle ist bereits seit einigen Jahren ein weiterer Indikator für die Reichweite der aktuell verfügbaren Reserven und Ressourcen der Energieträger Erdöl und Erdgas.

Da der Erdgaspreis gekoppelt ist an der Preisentwicklung des Erdöls bleibt abzuwarten, wie sich in den kommenden Jahren die Energiekosten entwickeln werden; einen ersten Ausblick darauf haben die Menschen zum Jahresende 2021 bereits erhalten auch mit Blick auf die Benzin- und Dieselpreise an den Tankstellen, auch mit Blick auf die Heizölpreise.
Die Preisspirale des Erdöls und des Erdgas wird sich sicherlich auf Dauer nicht stabilisieren lassen, z.B. durch die Anhebungen oder durch die Drosselung der Erdölförderungen; die Preisspirale des Erdöls und des Erdgas wird sich schon gar nicht nach unten bewegen lassen.

Anwendungen:

Mit den stationären Anwendungen werden sicherlich hauptsächlich Wasserstoff und Gase zum Einsatz kommen. Mit den mobilen Anwendungen ist der Einsatz des Brennstoffs sicherlich eine Schlüsselfrage für die Marktentwicklung. Entscheidend wird mit Blick auf den mobilen Einsatz die Frage sein nach dem Wasserstoff Tankstellennetz.

Absehbar ist, dass in der Elektromobilität die Fahrzeuge mit der Batterie und die Fahrzeuge mit der Brennstoffzelle einander ergänzen, wie aktuell in der Verbrennermobilität die Fahrzeuge mit Dieselmotor und die Fahrzeuge mit Benzinmotor einander ergänzen.

Die Umrüstung der Fahrzeuge mit Verbrennungsmotor auf einen Brennstoffzellenantrieb mit Wasserstoff ist derart aufwendig, dass sich der Aufwand auch für Fuhrparks nicht rentieren kann.
An dieser Stelle ist der Erdgas Brennstoffeinsatz mit integriertem Reformer wahrscheinlicher gewesen; die geringe Nachfrage nach Erdgasfahrzeugen in privater Hand hat dazu geführt, dass Fahrzeughersteller die Produktion von Erdgasfahrzeugen beendet haben oder deren Beendigung angekündigt haben.

Mit Blick auf die Serienreife von Fahrzeugen mit der Brennstoffzelle arbeiten aktuell Unternehmen der Automobilindustrie in strategischen Allianzen zusammen mit Energieunternehmen an einer verkehrswirtschaftlichen Strategie.
Eine flächendeckende Markteinführung wird mittelfristig erwartet und ist nach dem aktuellen Stand der Entwicklungen auch realistisch, was wiederum die stationären Anwendungen anschieben kann.

Mittel- bis langfristig wird sich Wasserstoff auf jeden Fall als alternativer Kraftstoff sowie als alternativer Energie-träger durchsetzen.

Die Perspektive für die Zukunft ist die direkte Nutzung von regenerativ erzeugtem Wasserstoff; aktuelle Hauptaufgaben sind die Gewinnung, die Lagerung, die Logistik und die Bereitstellung, damit der Wasserstoff bei den Endverbrauchern zum Einsatz kommen kann; z.B. für den Einsatz in den Brennstoffzellen oder für den Betrieb von Wasserstoffmotoren.

Der Energieträger Wasserstoff revolutioniert die Energieversorgung durch die Einbindung der stark anwachsenden regenerativ erzeugten Energien und gewährleistet auf Grund der unerschöpflichen und naturverträglichen Wasserstoffgewinnung die Energieversorgungssicherheit der Zukunft.

Nahezu alle Tageszeitungen und Magazine berichten derzeit über Wasserstoff- und über Brennstoffzellentechnologien; deren Meinungen sind zu Beginn durchaus konträr gewesen.

Trotzdem haben die Wasserstoffinitiativen ein Ziel bereits erreicht: Wasserstoff ist als ein wichtiger Energieträger der Zukunft erkannt worden und Wasserstoff ist in das Bewusstsein der Bevölkerung gerückt.

Es verwundert somit nicht, dass im Jahr 2006 der ebenso revolutionäre Ausspruch des EU Ratspräsidenten Romano Prodi in den USA viel mehr Beachtung fand als in der europäischen Öffentlichkeit: "... I want to be remembered for only two things: the European Union´s eastward expansion and hydrogen energy …".

Übersetzt: "… Ich möchte zwei Dinge in die Erinnerung bringen: Die Expansion der Europäischen Union in Richtung Osten und die Wasserstoff-Energie …".

Hat sich in den Jahren 2002 bis 2004 die Kfz-Industrie mit ihren Prognosen zur Markteinführung ihrer Brennstoffzellenantriebe parallel zu einer entstehenden Wasserstoffinfrastruktur sehr stark zurückgehalten, so wird jedoch durch aktuelle Studien der Kfz Industrien ein signifikanter Anteil von Wasserstoffantrieben mit dem Blick auf die Zulassung von Neufahrzeugen angenommen ab dem Jahr 2025; in deren Prognosen hat die Bedeutung zukünftiger Kraftstoffe und die Anzahl der Wasserstofftankstellen eine Schlüsselrolle.

Die Gegenüberstellung der konventionellen Energiespeicher wie Benzin und Diesel zu den deutlich emissionsärmeren bzw. zu den klimaneutralen Energiespeichern hat für die Zukunft eine Dominanz der Zukunftsenergiespeicher Biogas und Wasserstoff ergeben, wobei durch Gewichtung der verschiedenen Energiespeicher das Benzin vermutlich auch in den kommenden zwei Jahrzehnten noch eine Rolle spielen wird; wenn auch deutlich geringer.
Die Betrachtung der Thematik Biodiesel ist abgeschlossen worden mit der Erkenntnis, dass gar nicht genug Anbauflächen für die so genannten Energiepflanzen wie dem Mais zur Verfügung stehen können.

Der absehbare Flächenkonflikt steht dem Flächenbedarf der Ernährungswirtschaft ebenso entgegen, wie dem Flächenbedarf zur Erhaltung der Tierwelt mit Blick auf die schädlichen Auswirkungen großflächiger Monokulturen.

Wasserstoff als Grundstoff

Wasserstoff ist das erste Element im Periodensystem in der Chemie und kommt auf Grund der chemischen Eigenschaften in natürlicher Form nur gebunden vor.
Die vermutlich bekannteste Wasserstoffverbindung ist das Wasser (H_2O); Wasserstoff ist eines der häufigsten Elemente aller auf der Erde vorkommenden Verbindungen und besitzt beinahe unerschöpfliche Ressourcen.

Wasserstoff ist ein farb- und geruchloses und vollkommen ungiftiges Gas; außerdem besitzt Wasserstoff von allen Brenn- und Treibstoffen die höchste massebezogene Energiedichte.
1 kg Wasserstoff enthält ebenso viel Energie wie 2,1 kg Erdgas oder 2,8 kg Benzin.
Die volumenbezogene Energiedichte von dem flüssigen Wasserstoff beträgt etwa 1/4 des Benzins und etwa 1/3 des Erdgases.
Der Gewichtsanteil von Wasserstoff an Wasser beträgt 11,2%.

Durch den Einsatz von Wasserstoff in Brennstoffzellen werden Schadstoffemissionen vermieden.

Mit dem Einsatz von Wasserstoff in Hoch-Temperatur-Brennstoffzellen können Schadstoffemissionen in sehr großen Mengen verringert werden, verglichen mit den konventionellen Kraftwerken.
Wasserstoff als Sekundärenergieträger bietet die Möglichkeit, verschiedenste erneuerbare Energien flexibel in den Brenn- und Kraftstoffsektor einzufügen. Zur Beurteilung der Umweltrelevanz ist die Brennstoffkette von der Quelle, der Energieerzeugung, bis zur Senke, die Anwendungen, zu betrachten.
Die Betrachtung der vollständigen Wertschöpfungskette ist notwendig, wenn eine zukunftsfähige Energieinfrastruktur zur Realisierung der Energiewende entstehen soll.

Wasserstoff:
als Nebenprodukt der chemischen Industrie

Der größte Erzeuger und zugleich auch der größte Nutzer des Wasserstoffs ist aktuell die chemische Industrie.
Haupterzeuger des Wasserstoffs sind sicherlich auch die Rohölraffinerieprozesse und die Herstellung von Kunststoffen. Die weitere Wasserstoffproduktion wird auch durch die Erdgas-Dampfreformierung und durch die partielle Oxidation erreicht.

Die Industrie nutzt Wasserstoff z.B. zur Ammoniak-Produktion, zur Produktion organischer Zwischenprodukte, zur Eisenerzreduktion, in der Lebensmittelindustrie, in der Halbleiterindustrie oder in der Gase-Industrie.

In der Bundesrepublik Deutschland existieren zwei große Wasserstoffverteilernetze. Diese Wasserstoffverteilernetze verbinden die industriellen Wasserstoffproduzenten mit den Wasserstoffanwendern.

Seit etwa 70 Jahren versorgt eine 240 km lange Pipeline, beginnend im nördlichen Ruhrgebiet in Marl in Richtung Süden bis Köln, die Industrie mit dem Wasserstoff; der Betreiber dieser Wasserstoff-Pipeline ist Air Liquide.
In der Region Leuna-Bitterfeld-Wolfen verläuft ein zweites Wasserstoffnetz; der Betreiber ist die Linde AG.

Der industrielle Wasserstoffbedarf steigt stetig an, so dass die Wirtschaft den Ausbau der Wasserstoffproduktion als einen Gewinn bringenden Industrieschwerpunkt erkannt hat. Dass der zukünftige Bedarf an Wasserstoff als Brennstoff den gesamten Energiemarkt revolutionieren wird, ist erkannt.

Es wurden bereits einige Verfahren zur Wasserstoffherstellung bis zur Serienreife entwickelt, andere befinden sich noch im Entwicklungsstadium.
Allgemein zu nennen sind:

+ die Dampfreformer (Erdgas),
+ die Partielle Oxidation (Ölvergasung),
+ die Autotherme Reformierung (Methanol),
+ die Elektrolyse (Wasser),
+ die Biomasse (Vergasung, Vergärung),
+ das Kvaerner-Verfahren,
+ Wasserstoff aus Grünalgen (Biochemie-Batterien),
+ Wasserstoff aus Zucker (Mikroben-Batterien).

Unterschieden werden die Verfahren in der primärenergetischen Erzeugung und in der sekundärenergetischen Erzeugung.

Wasserstoff: primärenergetische Erzeugung

Primärenergetische Wasserstofferzeugung ist die Bezeichnung für die Gewinnung des Wasserstoffs aus fossilen Energieträgern. Hinzu kommen die neu entwickelten Verfahren der Vergasung, der Vergärung von Biomassen und Klärmassen, sowie durch die biochemischen Batterien und die Mikroben-Batterien.

Dampfreformer (Erdgas):

Die Dampfreformierung ist unterteilt in zwei Prozessschritte.
Im ersten Schritt erfolgt eine endotherme katalytische Umsetzung von leichten Kohlenwasserstoffen, wie z.B. Methan, mit Wasser.

Dieser Vorgang erfolgt in großtechnischen Anlagen bei Temperaturen von 800 bis 900°C und einem Druck von ca. 25 bar.

$CH_4 + 2\ H_2O \Rightarrow CO_2 + 4\ H_2$

Der zweite Prozessschritt ist die exotherme katalytische Umsetzung des entstandenen Kohlenmonoxids mit dem Wasserdampf und wird auch Shiftreaktion genannt.

$CO + H_2O \Rightarrow CO_2 + H_2$

Das entstandene Gas wird gereinigt. Das Restgas ist bis zu 60% brennbar und wird zur Befeuerung des Reformers verwendet.
Dieses Verfahren ist technisch ausgereift. Große Reformierungsanlagen leisten Produktionskapazitäten von bis zu 100.000 Nm^3 Wasserstoff pro Stunde. Anlagenhersteller sind unter anderen die Krupp Uhde GmbH und die Linde AG.

Partielle Oxidation (Ölvergasung):

Das technisch ausgereifte Verfahren der partiellen Oxidation ist eine exotherme Umsetzung von Erdgas oder von schweren Kohlenwasserstoffen, wie z.B. schweres Heizöl oder Rückstandsöle aus der Erdölverarbeitung, mit Sauerstoff.
In der Shiftreaktion wird das im Produktgas enthaltene Kohlenmonoxid entfernt.

$2\ CH_4 + H_2O + O_2 \Rightarrow CO + CO_2 + 5\ H_2$

Das entstandene Gas wird nun ähnlich wie bei der Dampfreformierung einer CO_2-Reinigung unterzogen.

In Kohleländern wie in Südafrika oder in China wird der Wasserstoff auch durch partielle Oxidation von Kohle durchgeführt.
Dieses Verfahren ist ähnlich der Ölvergasung, nur dass eine Kohlebehandlung vorangeht.
Die Kohle wird hierbei zermahlen und mit Wasser zu einer Suspension vermischt. Dieses Verfahren ist teurer als die Erdgasdampfreformierung. Die Partialoxidatoren werden ebenfalls unter anderem von der Krupp Uhde GmbH und der Linde AG produziert.

Autotherme Reformer (Methanol Reformierung):

Wasserstoff kann auch aus Methanol hergestellt werden, wobei grundsätzlich sowohl die Dampfreformierung als auch die partielle Oxidation genutzt werden kann.
Die Kombination aus beiden Verfahren wird autotherme Reformierung genannt. Dieses Verfahren kann sowohl mit Methanol als auch mit Erdgas, mit Benzin oder mit Diesel angewandt werden; ermöglicht aber wesentlich höhere Wirkungsgrade als eine partielle Oxidation alleine.

Die Wasserdampf- und Luftzufuhr wird so eingestellt, dass der exotherme Reaktionsverlauf der partiellen Oxidation den Energiebedarf der Dampfreformierung deckt.

Dieser Weg wurde mit der ganzheitlichen Betrachtung der zu erwartenden, deutlich schlechteren Umweltbilanz von der EU nicht favorisiert.

Biomasse (Vergasung/Vergärung):

Neben den kommerziellen Verfahren, bei denen z.B. durch Verbrennung von Biomasse Energie erzeugt wird, kann Biomasse auch für die Wasserstoffproduktion bzw. die Wasserstoffversorgung von Brennstoffzellen genutzt werden.
Wasserstoff kann durch Pyrolyse und Vergasung aus Biomasse gewonnen werden. In der ersten Stufe des Herstellungsverfahrens fallen neben den Primärgasen auch Koks und Methanol an. Dieser Vorgang wird mit thermische Zersetzung bzw. Pyrolyse bezeichnet.

In der zweiten Stufe, der eigentlichen Vergasung, entstehen durch die Reaktionen mit Wasserdampf und mit dem Sauerstoff ein Gasgemisch aus dem Wasserstoff, dem Kohlenmonoxid, dem Kohlendioxid und dem Methan. Die endothermen Teilreaktionen überwiegen, somit muss Energie hinzugefügt werden. Wasserstoffreiches Gas wird dann über die Reformierung und die CO-Shiftreaktion hergestellt. Aus Biomasse mit hohem Feuchtigkeitsanteil, z.B. Biomüll aus den Haushalten, kann durch anaerobe Methangärung Biogas hergestellt werden, das 60 bis 70% Methan enthält.
In Brennstoffzellen wie der MCFC kann das Gas somit direkt als Brenngas eingesetzt werden, was hohe Stromerzeugungswirkungsgrade zur Folge hat.

Mit Blick auf die Energiewende liefert die Biomasse einen wichtigen Beitrag in dem Energiemix und auch in dem Speichermix.

Deutlich herausgestellt werden muss jedoch unbedingt die Erkenntnis der EU aus der Biodiesel Diskussion, dass das Fokussieren auf die Potenziale der Bio Energieprodukte zu enormen Flächenkonflikten führt mit den Anbauflächen der Ernährungswirtschaft.

Die großflächigen Monokulturen, welche der Anbau von Biomasse mit sich bringt, sind zudem ein Auslöser für den Besorgnis erregenden Rückgang von Insekten und die sich wiederum daraus ergebenden Probleme nicht nur in der Tierwelt.
Auch die Ergebnisse der Studien haben dazu geführt, dass die EU auf Basis der alarmierenden Ergebnisse sogleich das Umdenken eingefordert hat. Die Nachfrage der Energiewirtschaft und der daran gekoppelten Wirtschaftszweige bei der EU, ob sich die Wirtschaft einstellen soll auf Bioenergien oder auf den Energieträger Wasserstoff, hat die EU sogleich beantwortet, dass aus Sicht der EU die Zukunft liegt in dem Potenzialraster des Energieträgers Wasserstoff.

Kvaerner-Verfahren:

Die Kvaerner Engineering S.A. aus Norwegen hat seit Anfang der 80er Jahre das Kvaerner-Verfahren entwickelt: Kvaerner Carbon Black and Hydrogen Process zur CO_2-freien Erzeugung von Wasserstoff. Kohlenwasserstoffe (Erdgas, Erdöl) werden in einem Plasmabrenner bei ca. 1600°C in Aktivkohle und Wasserstoff getrennt.

Der Reaktionsablauf ist:

$CH_4 => C + 2H_2$

Eine im Jahr 1992 in Kanada betriebene Pilotanlage hat aus 1000 Nm^3/h Erdgas und 2100 kW elektrischer Energie neben Heißdampf mit einer Leistung von 1000 kW rund 5000 kg/h Aktivkohle und 2000 Nm^3/h Wasserstoff erzeugt. Werden alle verwertbaren Produkte berücksichtigt, erreicht die Anlage einen Wirkungsgrad von nahezu 100%. Ca. 48% entfallen auf den Wasserstoff, etwa 40% auf die Aktivkohle und 10% auf den Heißdampf.

Wasserstoff aus Grünalgen (Biochemische Batterien):

Grünalgen spalten mit Hilfe des Enzyms Hydrogenase Wasser in Sauerstoff und Wasserstoff, wobei die Grünalgen die dafür benötigte Energie durch Photosynthese erhalten.
Setzt man die Algen aus in eine Art "Schwefeldiät", wird der Stoffwechsel reduziert und die Algen können die Energie der Photosynthese nicht mehr verwerten. Die Algen geben den Energieüberschuss in Form von Wasserstoff ab, den sie normalerweise als Energie-speicher nutzen. Wissenschaftlern der Universität Bonn ist bereits 2008 die Isolierung des Gens mit dem Bauplan der Hydrogenase aus Grünalgen gelungen.
Die Entschlüsselung des Aufbaus des Enzyms ist der weitere Schritt zur genaueren Bestimmung der Reaktions-

stellen. Das Forschungsteam vom Botanischen Institut der Uni Bonn hat das Enzym bereits mit einer Art "Turbo" versehen können, indem es die Grünalgen gentechnisch so verändert hat, dass die Algen im Vergleich zu ihren natürlichen Verwandten zwei- bis dreimal so viel Wasserstoff produzieren. Im Rahmen eines international geförderten Projekts haben die Forscher die Möglichkeit betrachtet, mit denen die Hydrogenase an künstlichen Membranen befestigt werden können und somit eine biochemische Batterie darstellen.

Wasserstoff aus Zucker (Mikroben-Batterie):

Das Bakterium Rhodoferax ferrireducens erzeugt aus dem Zucker elektrischen Strom, wobei es Elektronen direkt von seinem kohlenhydratreichen Futter auf den Pol einer Batterie übertragen kann. Somit entsteht eine Strom-quelle, welche sowohl effizient ist, als auch von langer Lebensdauer ist. Publiziert wurde diese Entdeckung durch amerikanische Wissenschaftler in dem Fachmagazin "Nature Biotechnologie". Die Idee, Bakterien für die Energiegewinnung einzusetzen, ist nicht neu. In Mikroben-Brennstoffzellen produzieren Kolibakterien den Wasserstoff, nachdem sie mit Zucker gefüttert wurden. In einer Reihe chemischer Reaktionen werden diesem Wasserstoff Elektronen entzogen, welche an einen Batterie-Pol geliefert werden und somit Strom erzeugen.
Bakterien, welche in der Universität von Massachusetts für Batterien Verwendung finden, sind schon einen Schritt

weiter. Dem Zucker werden direkt die Elektronen entzogen und an einem Batterie-Pol abgegeben. Somit entfällt die aufwändige Umwandlung des Wasserstoffs und die Energieübertragung wird wesentlich effizienter.

Diese Bakterien in der neuen Batterie erreichen eine Effizienz von mehr als 80%. Die herkömmlichen Mikroben-Brennstoffzellen erreichen eine Effizienz von etwa 49%.
Die Bakterien sind mit dem Blick auf das Futter nicht wählerisch. Zum Einsatz kommen kann Traubenzucker, Fruchtzucker, Raffinadezucker und auch Xylose; Xylose ist eine Zuckerart, die in Holz oder im Stroh vorkommt.
Somit verfolgt die Forschung das Ziel der Grundstein-legung für die effiziente Energiegewinnung aus zucker-haltigen Reststoffen. Zucker ist ein Naturprodukt, so dass auch diese Potenziale die Forschung rund um die regenerative Energieerzeugung ergänzen.
Die Energiewende gelingt erfolgreich mit der Einbindung aller zur Verfügung stehenden Möglichkeiten, welche die Umwelt schonen.

Wasserstoff: sekundärenergetische Erzeugung: Elektrolyse (Wasser):

Unter den verschiedenen Verfahren zur Wasserstoffherstellung ist die Elektrolyse auf absehbare Zeit die einzige von praktischer Bedeutung für große Mengen Wasserstoff. Die Elektrolyse wird in ihrer bekanntesten Form, der alkalischen Elektrolyse, bereits seit 80 Jahren angewandt.

Eine Elektrolyse besteht aus zwei Teilreaktionen an den beiden Elektroden.

In einer elektrisch leitenden Flüssigkeit, dem Elektrolyten, kommt es bei einem von außen erzwungenen Stromfluss zu einer Abscheidung von Stoffen an den Elektroden.
Die entstandenen negativ geladenen Ionen geben an der positiv geladenen Anode Elektronen ab, die über den Stromkreis zur Kathode wandern.
Dort nehmen positiv geladene Ionen Elektronen auf.

Achtung, die Bezeichnungen Kathode und Anode sind umgekehrt wie bei der Brennstoffzelle!

Für die Wasserelektrolyse ergeben sich die folgenden Reaktionen:

Kathode	$2\ H_2O + 2\ e^- \Rightarrow H_2 + 2\ OH$
Anode	$2\ H_2O \Rightarrow O_2 + 4\ H^+ + 4\ e^-$
Gesamtreaktion:	$2\ H_2O \Rightarrow 2\ H_2 + O_2$

Niederdruck-Elektrolyse:

Die Niederdruck-Elektrolyse ist weit entwickelt und stellt die konventionelle Form der Elektrolyse dar.

Hochdruck-Wasserelektrolyse:

Die Hochdruck-Wasserelektrolyse ist interessant für die Entwicklung. Durch die Materialverbesserungen soll ein Verfahren mit höherem Druck entstehen. Der Elektrolyseur soll an Aggregate mit unbeständiger Energieversorgung koppelbar sein, da z.B. der erzeugte elektrische Strom aus einer Photovoltaikanlage oder aus einer Windenergieanlage fluktuierender Natur ist.

Hochtemperatur-Wasserelektrolyse:

Bei diesem Verfahren soll die Energie genutzt werden, welche mit dem erwärmten Wasser durch industrielle Prozesse entsteht; das kann z.B. Abwärme sein aus der Prozessführung der bestehenden industriellen Anlagen.

Wasser hat energiespeichernde Eigenschaften:
Die Dissoziationsenergie des Wassers. Dies führt dazu, dass der Strombedarf sinkt und damit der primärenergetische Wirkungsgrad gegenüber der wässrigen, alkalischen Elektrolyse steigt.
Hochtemperaturelektrolyseure arbeiten bei Arbeitstemperaturen von etwa 900 °C.

Beim alkalischen Elektrolyseur wird bei einer Gleichspannung von mindestens 1,5 Volt an der Kathode Wasserstoff und an der Anode Sauerstoff gebildet.
Als Elektrolyt dient Kalilauge mit einer Konzentration von 20% bis 40%.

Eine gasdichte Membran, das sogenannte Diaphragma, lässt zwar den Transport von OH-Ionen zu, verhindert aber gleichzeitig die Vermischung der Produktgase.

Der PEM-Elektrolyseur besteht aus einer protonendurchlässigen Polymermembran. Diese ist beidseitig mit porösen Platinelektroden kontaktiert. An diese wird von außen eine Spannung angelegt.
Auf der Anodenseite des Elektrolyseurs wird das Wasser zugeführt. Die katalytische Wirkung des Platins führt zur Zersetzung des Wassers an der Anodenseite.
Es entstehen der Sauerstoff, freie Elektronen und positiv geladene H^+-Ionen.
Die Wasserstoff-Ionen diffundieren durch die protonenleitende Membran auf die Kathodenseite, wo sie mit den Elektronen zu Wasserstoff kombinieren.

Die Erhöhung des Anteils der weltweiten Wasserstoffproduktion durch Elektrolyse steht im Fokus der EU und der Bundesministerien.
Im Auftrag des Bundesministeriums für Verkehr, Bau und Stadt-entwicklung (BMVBS) und in Abstimmung mit der Nationalen Organisation Wasserstoff- und Brennstoffzellentechnologie (NOW) ist bereits im Jahr 2009 die Studie "German Hy" erschienen.
Wasserstoff: Anwendung

Neben den konventionellen, den industriellen Anwendungen in der chemischen, der petrochemischen Industrie und der Zumischung von Wasserstoff zum Erdgas, sind die stationären Anwendungen in der Stromerzeugung, in der Wärmeerzeugung und in der kombinierten Kraft-Wärme-Kopplung interessant.

Im Betreff chemischer und petrochemischer Anwendungen erstreckt sich der nichtenergetische Einsatz des Wasserstoffs in der Industrie weltweit auf beinahe 50%. Beispiele für den nichtenergetischen Einsatz des Wasserstoffs in der Industrie sind:

+ die Herstellung von Ammoniak,
+ die Vorprodukte für die Düngemittelindustrie,
+ die Herstellung organischer Zwischenprodukte,
+ die Eisenerzreduktion,
+ die Fettchemie,
+ die Chlor- und Wasserstoffperoxyd-Produktion,
+ die Halbleiter-Industrie,
+ die medizinischen Gase,
+ die technischen Gase,
+ die Entschwefelung von Heizöl,
+ die Entschwefelung von Kraftstoffen.

Derzeit kommen in der BRD Fahrzeuganwendungen mit Wasserstoff in den Markt.

Neue Fahrzeug-Projekte befinden sich in der Planung oder Vorbereitung; in Herten hat die Zusammenarbeit des

Wasserstoff-Anwenderzentrums h2herten mit der AGR Abfallentsorgungs-Gesellschaft-Ruhrgebiet dazu geführt, dass mit Wasserstoff betriebene Müllsammelfahrzeuge und auch Kehrmaschinen eingesetzt werden können.

Anwendungen des Wasserstoffs für den Antrieb von den Schiffen, den Eisenbahnen, den Flugzeugen und von den Kraftfahrzeugen werden künftig zahlreich präsentiert sein. Cummins, ein Unternehmen aus den USA, hat mit der Übernahme des Unternehmens Hydrogenics die Kapazitäten der Herstellung von Brennstoffzellen gestärkt und hat in Herten in unmittelbarer Nähe zu dem Wasserstoff-Anwenderzentrum h2herten ein neues Werk gebaut, das sich zunächst auf die Montage von Brennstoffzellensystemen für Wasserstoffzüge von Alstom konzentriert.

In der bekannten "Henne-Ei" Diskussion (was war zuerst: die Henne oder das Ei?) stellt sich schnell die Frage nach der Betankungsinfrastruktur für den Wasserstoff.
Druckwasserstoff und Flüssigwasserstoff werden vergleichbar gehandhabt und betankt wie Druckerdgas (CNG) und Flüssigerdgas (LNG).
Auch im Betreff portabler Anwendungen werden wir in den kommenden Jahren sehr viele Anwendungsmöglichkeiten präsentiert bekommen.

Wasserstoff: Speicher

Die unterschiedlichen Möglichkeiten zur Speicherung des Energieträgers Wasserstoff resultieren aus den Erfahrungen auch in der chemischen Industrie.
Betrachtung findet die Speicherung des Wasserstoffs:

+ zum einen gasförmig in Druckspeichern,
+ zum anderen flüssig und tief gekühlt auf -253 °C,
+ sowie chemisch gebundenen in den Absorptionsspeichern (chemische Einlagerung).

Druckspeicherung

Wird gasförmiger Wasserstoff unter einem höheren Druck als dem Normaldruck gespeichert, so handelt es sich um Druckspeicherung. In der Konstruktion unterscheiden sich die Tanks für eine Druckspeicherung.
Entsprechend dem Einsatzgebiet und dem erforderlichen Druckniveau: Stationäre Tanks haben in der Regel ein niedrigeres Druckniveau, da diese Speicher kostengünstiger sind. Große Mengen Wasserstoff für industrielle Zwecke können in die unterirdischen Kavernenspeichern gepresst werden. Wasserstoff wird stationär oft bei einem Druck von bis zu 50 bar gespeichert.

In deutschen Kavernenspeichern wird derzeit das Erdgas gespeichert; diese Speicher sind potenzielle Wasserstoffspeicher für eine zukünftige Wasserstoffinfrastruktur.

Die stationäre Speicherung von großen Wasserstoffmengen in den unterirdischen Salz- oder Felskavernen bei einem Druckverhältnis von ca. 50 bar wird ab einem Speichervolumen von vielen hundert Normkubikmetern relevant.

Mobile Tanks haben aktuell ein Druckniveau von bis zu 700 bar, um Raum sparend möglichst viel Wasserstoff mitzuführen, Druckflaschen aus Stahl haben ein großes Eigengewicht. Deshalb wurden Wasserstoff-Druckspeicher aus Verbundmaterial entwickelt; z.B. Kohlefaserverbund-werkstoffe mit Innenbehälter. Je höher der Druck in einem Tank ist, umso höher ist auch die gespeicherte Menge des Energieträgers Wasserstoff.

Im Zuge der Einführung erdgasbetriebener Fahrzeuge wurden moderne Druckgastanks aus Stahl entwickelt, diese sind in der Regel mit einem Druck bis 200 bar zu füllen.
Hinzu gekommen sind Vollverbunddruckflaschen; Composite-Tanks. Die volumenspezifische Speicherdichte ist bei Stahlflaschen angegeben mit 0,5 kWh pro Liter Volumen, ist bei Vollverbundflaschen angegeben mit 0,8 kWh pro Liter Volumen.

Speicherung von flüssigem Wasserstoff

Wasserstoff ist flüssig bei -253°C und hat in diesem Zustand das geringste Volumen sowie zugleich die höchste Speicherdichte.
Diese Speicherform ist effizient auf Grund des geringeren Platzbedarfs abhängig vom Einsatz des Wasserstoffs.
Tanks für flüssige, tiefkalte Gase sind von sehr hoher Qualität; die Abdampfverluste durch Erwärmung sind gering. Automatische Tankroboter für die Betankung wurden bereits entwickelt.

Für den stationären Bereich ist flüssiger Wasserstoff hauptsächlich an Tankstellen interessant, da für andere Anwendungen der Energieaufwand für die Verflüssigung des Wasserstoffs oft nicht sinnvoll ist.

Flüssigwasserstoffspeicher besitzen eine Abdampfrate von unter 0,05%. Diese Tanks, konstruiert mit einer speziellen Beschichtung, haben ihren Namen aus dem Griechischen (kryos = kalt) erhalten mit der Bezeichnung Kryotanks oder Kryospeicher.

Die Verflüssigung bedarf einer Energie von 36 kJ/g um Wasserstoff auf eine Temperatur von -253°C herunterzukühlen, was ca. einem Drittel der gespeicherten Energie entspricht.

Die volumenspezifische Speicherdichte erreicht 2,13 kWh pro Volumen Liter bzw. 4,5 kWh pro Kilogramm.

Das Expertengespräch, das wir 2008 geführt haben in München mit Linde und auch mit BMW, hat nach der

Fragestellung, ob in der Mobilität der flüssige Wasserstoff überhaupt sinnvoll sein kann, wenn ca. ein Drittel der gespeicherten Energie gebraucht wird für die Erhaltung der Wasserstofftemperatur von -253°C in den langen Standzeiten, z.B. bei Nacht in der Garage oder am Arbeitsplatz, zu der Antwort geführt: „Ja, aber nur, wenn wir tatsächlich über Fahrzeuge sprechen und nicht über "Standzeuge"."
Gemeint sind somit Fahrzeuge, welche mit Blick auf das Potenzial des Wechsels der Fahrer*innen möglichst mit zeitlich geringer Unterbrechung fahren.

Absorptionsspeicher:

\+ Metallhydridspeicher,

\+ Graphit Nanofasern / Carbon Nanotubes:

Metallhydridspeicher:

Metalllegierungen, welche Wasserstoff speichern wie ein Schwamm, kommen in der Speichertechnologie als Metallhydridspeicher zum Einsatz. Diese Metalllegierungen adsorbieren Wasserstoff und es bilden sich Metallhydride.

Das Prinzip: Wenn ein Metallhydrid mit Wasserstoff "gefüllt" wird, gibt dieser Metallhydrid Wärme ab. Wenn der Wasserstoff genutzt werden soll, wird Wärme zugeführt.

Im Gewichtsvergleich zu anderen Speichern sind die Metallhydridspeicher schwerer; deren Einsatz ist somit eher stationär zu erwarten.

Auf Grund der hohen Materialkosten sind Metallhydrid-speicher teuer, jedoch ergeben sich auf das Volumen bezogen sehr gute Speicherkapazitäten.
Ebenfalls für den Einsatz dieser Speicher spricht die lange Haltbarkeit und somit ist der Einsatz über einen langen Zeitraum fokussiert.

Ein deutlicher Vorteil der Metallhydridspeicher liegt in dem Punkt Sicherheit und ebenfalls in dem Punkt Lebensdauer.
Im Betreff Sicherheit arbeiten die Metallhydridspeicher bei Normaldruck. Der Wasserstoff bleibt bei Beschädigung des Speichers gebunden, da der Wasserstoff erst durch Zuführung von Wärme freigesetzt wird.
Im Betreff Gebrauch haben Metallhydridspeicher keine Abdampfverluste, zudem reinigen diese Speicher den Wasserstoff.
Aus diesen Gründen werden diese Metallhydridspeicher in U-Booten eingesetzt. In den 80er Jahren hatten Daimler und Mannesmann die Forschung an der Speichertechnologie Metallhydridspeicher verstärkt.

Die volumetrische Speicherdichte erreicht 1,5 kWh pro Liter Volumen. Metallhydride entstehen aus Metallen wie z.B. Palladium oder Magnesium oder auch aus inter-metallischen Verbindungen wie zum Beispiel $ZrMn_2$ und besitzen die Eigenschaft, den Wasserstoff aufzunehmen wie ein "Schwamm".

Zur Desorption des Wasserstoffs wird die Reaktionswärme, welche bei der Beladung des Speichers abgeführt worden ist, wieder zugeführt; die Reaktion verläuft nun andersherum.

Für eine Anwendung in Kraftfahrzeugen kommt es auf eine schnelle Beladung und Entladung an, sowie auf eine geringe Desorptions-Temperatur.
Problematisch ist bei einem Kraftfahrzeug die geringe massespezifische Speicherdichte um genügend Wasserstoff mitzuführen mit Blick auf die Reichweite des Fahrzeugs; der Speicher wird verhältnismäßig schwer.

Bei Standardbedingungen (Temperatur, Druck) ereignet sich die Reaktion nach der Gleichung:
Me + x/2H2 <=> MeHx (exotherm)

Reaktionsphase 1; die Alpha-Phase:
In der ersten Reaktionsphase werden an der Metalloberfläche katalytisch gespaltene Wasserstoffmoleküle (Wasserstoff-Atome) als "Einlagerungs-Atome" oder "Zwischengitter-Atome" in das Metallgitter gelöst.
Wird der Druck erhöht, so erhöht sich auch die Wasserstoffkonzentration im Metallgitter beziehungsweise in der intermetallischen Bindung.
Diese Phase endet mit der Sättigung.

Reaktionsphase 2; die Beta-Phase:
Es bildet sich Metallhydrid. Da diese Reaktion exotherm verläuft, muss die Reaktionswärme abgeführt werden, um einen Stillstand der Reaktion zu vermeiden.

Da der Phasenübergang von der Alpha-Phase in die Beta-Phase mit einer starken Änderung des ursprünglichen Metallgitters einhergeht, zerfällt das Ausgangsmaterial in feines Pulver.

Zur Desorption (der Prozess der Rückgewinnung) des Wasserstoffs, wird die Reaktionswärme, welche mit der Beladung des Speichers abgeführt wurde, wieder zugeführt. Die Reaktion verläuft nun andersherum.
Es entstehen:

+ die Ausgangsstoffe,
+ hochreiner Wasserstoff.

Graphit Nanofasern / Carbon Nanotubes:

Große Mengen Wasserstoff können in röhrenförmigen, mikroskopisch kleinen Graphit-Strukturen gespeichert werden. Der Graphit auf Kohlenstoffbasis verspricht die Speichertechnologie des Wasserstoffs zu revolutionieren. Weltweit wird diese Speichertechnologie erforscht.
Bereits nachgewiesen wurde, dass diese Speicher ein hohes Potential aufweisen. Diese Speichertechnologie wurde bereits 2007 an der Northeastern University in Boston entwickelt.

Mit dieser Technologie wird Wasserstoff zwischen den Lagen Graphitfasern eingelagert; diese Graphitfasern haben einen Querschnitt von 5 bis 10 Nanometern (nm).
Entsprechend den Erwartungen seitens der Northeastern University in Boston soll solch ein Wasserstofftank bei einem Volumen von 25 Litern und mit einem Gewicht von 87 Kilogramm eine enorme Reichweite von 8000 Kilometern ermöglichen.

Mit den Angaben der Northeastern University in Boston speichert jedes Gramm Kohlenstoff des Tanks ca. 30 Liter Wasserstoff.
Die Beladung des Grafit-Nanofaser-Wasserstoffspeichers hat eine Dauer von 4 bis 24 Stunden und ist mit dem heutigen Stand der Technik nur 4- bis 5-mal möglich; genau ist der Anlagerungsprozess des Wasserstoffs nicht benannt.

Es wird angenommen, dass die sehr hohe Speicherdichte durch den hohen kristallinen Anteil zwischen den Kohlenstoffgitterebenen möglich ist; die Wasserstoffmoleküle sollen in diesem Verfahren sehr dicht gepackt angelagert sein.

Energiewende: die zahlreichen energetischen Potenziale:

Der Jobmotor Energiewende: das Technologie-Know-how, das Infrastruktur-Know-how, entstehend mit der Energiewende in Deutschland, ist global gefragt.

Bilder:
Bilder fotografiert von Dieter Mende, EEZ Energie Energiewirtschaft Zukunftsenergien, Bilderberatung von Antje Mende, LIKES Layout Impuls Konzept Entwurf Style

EEZ.HY.holistic
= ganzheitliche Wasserstoff-Infrastruktur

Die Sektoren-Kopplung elektrischer Strom, Wärme, Gase-Produkte und Treibstoff-Produkte mit dem Wasserstoff ermöglicht den Energie-Märkten mit Power-to-X eine bisher nicht gekannte Flexibilität mit Chancen-Reichtum

Klima.helfen.De
Schwarm-Beiträge für das gemeinsame Vielfache, Detail-Beiträge für die Chancen und Möglichkeiten
Resilienz, Kipppunkte, Rebound-Effekt: Renaturierung, Brückentechnologien, Zukunftstechnologien... Wasserstoff; die umfassende Klammer für die zukunftsfähige Energiewende mit umweltneutralen Technologien …

UMWELT.helfen.DE, spannende Schwarm-Beiträge, ideenreiche Details, Wohlfühl-Oasen Garten und Balkon
Laube statt Pavillon, ideenreich begrünte Kleinstflächen, blühende Vogel- und Insekten-Inseln, Insekten- u. Hummel-Hotel, Teichufer statt Abbruchkrater, bewusster Umgang mit Ressourcen, wertvolle Beiträge mit Belohnung und Genuss

Die Energiewende:
zuerst vielleicht paradox wirkend? Aktuelle Positionen.
Die umfassende Klammer mit dem Umweltschutz gegen den Klimawandel. Das global boomende Image.

Aha, so also gelingt die Energiewende !!
Begleitbuch = Wörterbuch + Sachbuch zugleich
Auch andere Sach- und Fachbücher verstehen.
Abholend für Interessierte, Ideen gebend für Akteure.

Patient Deutschland: ein Fall für die Psychiatrie? Nein! Die Handbremse, die Igelhaltung nach Corona lösen.

Die Zurückhaltung der Menschen bis hin zur Hysterie mit Verschwörungstheorien in der Energiewende.

Der Autor

Dieter Mende

Homepage:
www.eez-mende.de

Das Buch ist geschrieben mit dem Hintergrund des beruflichen Ausbildungsverlaufs sowohl in der Chemie, als auch in der Elektrotechnik; ergänzt mit dem Hintergrund Energie-Dialog EEZ Energie Energiewirtschaft Zukunftsenergien, ich selbst bin der Gründer am 05.07.1995.

Die berufliche Basis ist weit gefächert:
Seit September 1997 beauftragt mit der zentralen Leittechnik für Energiezentralen in dem Projektbüro Automatisierungstechnik eines regionalen Energieversorgungsunternehmens; im November 2019 ist der Wechsel in die Abteilung Planung Netzbau elektrischer Strom erfolgt.

Seit Februar 2003 zunächst beauftragt mit den Aufgaben zum Auf- und Ausbau des regionalen Wasserstoff-Nukleus h2herten, anschließend beauftragt mit Aufgaben der Projekt- und Unternehmens-Akquise, der Marktkommunikation und der Netzwerkarbeit im Team des Anwenderzentrums h2herten.

In beiden Fällen ist den Arbeitgebern der sehr erfolgreiche Energie-Dialog EEZ aufgefallen, so dass daraus die Beschäftigungen entstanden sind.

Mein Antrieb zur Erstellung von Reporten und Büchern ist zum einen die Leidenschaft für die Herausstellung der Chancen und der Möglichkeiten im Potenzialraster der Energiewende mit dem Energieträger Wasserstoff, zum anderen der Ehrgeiz zum Auf- und Ausbau einer Wasserstoffinfrastruktur mit der Werbung branchenübergreifender Leistungsträger, mit der Identifizierung von zukunftsfähigen Beiträgen und den daraus entstehenden, einander ergänzenden Kompetenzen.

Den etablierten Unternehmen im Energiemarkt und deren anfänglichen Ablehnung gegenüber dem Energieträger Wasserstoff und dem Energiewandler Brennstoffzelle bin ich begegnet mit aussagekräftigen Ergebnissen der Potenzialanalysen, mit den Potenzialen der Sektorenkopplung Power-to-X, der Identifizierung von Alleinstellungsmerkmalen und mit den komplexen Projektanstößen vielschichtiger Interessen aller Beteiligten.
Mit dem Durchhaltevermögen und mit Geduld konnten auch anfängliche Skeptiker des Energieträgers Wasser-stoff und des Energiewandlers Brennstoffzelle erfolgreich geworben werden in eine zukunftsfähige Infrastruktur in der Energiewende.

Mit dem Energie-Dialog EEZ bin ich langjähriges Mitglied im DWV Deutschen Wasserstoff- und Brennstoffzellen-Verband e.V.

Der DWV ist eines der in Europa erfolgreichen Sprachrohre für den Energieträger Wasserstoff und für den Energiewandler Brennstoffzelle; der DWV spricht mit dem Ergebnis von über einhundert Industrie- und Forschungseinrichtungen.

Mitgewirkt habe ich erfolgreich bei der Mitgliederakquise zur Gründung eines Beirats für h2herten, aus welchem durch die Erweiterung im Jahr 2008 der Beirat hervorgegangen ist für das h2-netzwerk-ruhr.

Bild oben:
Das Wasserstoff-Anwenderzentrum h2herten: der regionale Wasserstoff-Nukleus im nördlichen Ruhrgebiet.

Bild links:
14.06.2019 Die Eröffnung der Wasserstoff-Tankstelle am Anwenderzentrum h2herten; im Hintergrund die ehemalige Zeche Auf Ewald.

Bilder: Dieter Mende; EEZ
Energie Energiewirtschaft Zukunftsenergien